Christiane Thomas
Innenkühlung der Kolbenstange von trockenlaufenden Kolbenverdichtern

TUD*press*

Christiane Thomas

Innenkühlung der Kolbenstange von trockenlaufenden Kolbenverdichtern

TUDpress
2014

Die vorliegende Arbeit wurde am 25. Juni 2013 an der Fakultät Maschinenwesen der Technischen Universität Dresden als Dissertation eingereicht und am 29. November 2013 verteidigt.

Vorsitzender der Promotionskommission:
Prof. Dr.-Ing. Uwe Gampe

Gutachter:
Prof. Dr.-Ing. habil. Gotthard Will
Prof. Dr.-Ing. Eberhard Schlücker

Bibliografische Information der Deutschen Nationalbibliothek
Die Deutsche Nationalbibliothek verzeichnet diese Publikation in der Deutschen Nationalbibliografie; detaillierte bibliografische Daten sind im Internet über http://dnb.d-nb.de abrufbar.

Bibliographic information published by the Deutsche Nationalbibliothek
The Deutsche Nationalbibliothek lists this publication in the Deutsche Nationalbibliografie; detailed bibliographic data are available in the Internet at http://dnb.d-nb.de.

ISBN 978-3-944331-48-5

Verlag der Wissenschaften GmbH
Bergstr. 70 | D-01069 Dresden
Tel.: 0351/47 96 97 20 | Fax: 0351/47 96 08 19
http://www.tudpress.de

Gesetzt vom Autor.
Printed in Germany.

Innenkühlung der Kolbenstange von trockenlaufenden Kolbenverdichtern

Von der Fakultät Maschinenwesen

der

Technischen Universität Dresden

zur

Erlangung des akademischen Grades

Doktoringenieur (Dr.-Ing.)

angenommene Dissertation

Dipl.-Ing. Thomas, Christiane

geb. am: 03.04.1985 in: Dresden

Tag der Einreichung: 25.06.2013

Tag der Verteidigung: 29.11.2013

Gutachter: Prof. Dr.-Ing. habil. Gotthard Will

Prof. Dr.-Ing. Eberhard Schlücker

Vorsitzender der Promotionskommission: Prof. Dr.-Ing. Uwe Gampe

Danksagung

Diese Arbeit entstand während meiner Tätigkeit an der Bitzer-Stiftungsprofessur für Kälte, Kryo- und Kompressorentechnik der Technischen Universität Dresden. Mein besonderer Dank gilt:

- Prof. Dr.-Ing. habil. Gotthard Will für seine fachliche und persönliche Unterstützung, seine aufmunternden Worte und Hilfestellungen. Für die Vielzahl an Gesprächen und Argumentationen und die wunderbare Betreuung während der letzten Jahre. Ohne ihn würde diese Arbeit nicht existieren.
- Dem European Forum for Reciprocating Compressors (EFRC) für die Finanzierung der Projekte, die Basis der vorliegenden Arbeit waren.
- Prof. Dr. sc. techn. Hans Quack, dafür, dass er mir die Möglichkeit zur Bearbeitung des Themas „Interne Kühlung der Kolbenstange" gab.
- Prof. Dr.-Ing. Ullrich Hesse, für die Möglichkeit das Thema weiterführen zu können und mir – trotz Haushaltstelle – die Zeit zu geben, mich mit der Promotion beschäftigen zu können.
- Fa. Mehrer (Balingen, Deutschland) für die Unterstützung im ersten Teilprojekt sowohl mit einer Versuchsanlage, als auch in fachlichen Belangen.
- Der Leobersdorfer Maschinenfabrik (LMF) in Österreich für den „Klitschko" unter den Verdichtern. Hier speziell Herrn Thomas Heumesser und Herrn Daniel Spiesslechner für die Beantwortung all meiner Fragen.
- Fa. STASSKOL für die wunderbaren Dichtelemente, die keine Probleme bereitet haben und speziell Herrn Thomas Borchardt für die Antworten auf die unzähligen Fragen zu jeder Tageszeit.
- Herrn Prof. Dr.-Ing. Eberhard Schlücker für die Übernahme des 2. Gutachtens.
- Herrn Dr.-Ing. Stephan Lehr für die Erklärung der experimentellen Vorgehensweise und der Messtechnik.
- Den Kollegen am Lehrstuhl der Bitzer-Stiftungsprofessur für Kälte, Kryo- und Kompressorentechnik für die wunderbaren Jahre.
- Den Mitarbeitern des Werkstattverbundes Mollierbau unter der Leitung von Frau Christiana Sperling für die wunderbare Zusammenarbeit, speziell Herrn Rolf Rostalski und Herrn Uwe Posselt.
- Meiner Familie, speziell meiner Mutter Dr.-Ing. Sabine Hammer, für ihren Beistand, ihre Hilfe und aufmunternden Worte.
- Herr Jochen Kriesel für seine Hilfe bezüglich der Elektrotechnik.
- Meinem Mann Christoph Thomas, für seine Geduld, Ruhe und Zuversicht! Du bist mein Fels in der Brandung.
- Meinem Sohn dafür, dass er sich noch genügend Zeit bis zur Abgabe der Arbeit gelassen hat! Du bist mein größtes Glück!

Nomenklatur

Lateinische Zeichen

Formelzeichen	Einheit	Bedeutung
a	m/s^2	Beschleunigung
A	m^2	Fläche
b	m	Breite
c	m/s	Geschwindigkeit
c_W	-	Widerstandsbeiwert
d	m	Durchmesser
F	N	Kraft
K	-	Verschleißfaktor
k	W/(m·K)	Wärmedurchgangskoeffizient
L bzw. l	m	Länge
m	kg	Masse
$\dot{m}$	kg/s	Massenstrom
n	Hz	Frequenz bzw. Drehzahl
Nu	-	Nußelt-Zahl
p	bar	Druck
P	W	Leistung
Pr	-	Prandtl-Zahl
$\dot{Q}$	W	Wärmestrom
$\dot{q}$	W/m^2	Flächenspezifischer Wärmestrom
r	m	Radius bzw. Kurbelradius
r	kJ/kg	Verdampfungsenthalpie
Re	-	Reynolds-Zahl
t	°C	Temperatur
T	K	Temperatur
V	m^3	Volumen
$\dot{V}$	m^3/s	Volumenstrom
w	m/s	Relativgeschwindigkeit
x	-	Dampfmasseanteil
x	m	Radiale Koordinate bei Temperaturfeldberechnung
y	m	Axiale Koordinate bei Temperaturfeldberechnung

Griechische Zeichen

Formelzeichen	Einheit	Bedeutung
α	$W/(m^2 \cdot K)$	Wärmeübergangskoeffizient
δ	m	Filmdicke bzw. Schichtdicke
Δ	-	Differenz
ε	-	Volumetrischer Anteil der flüssigen Phase
λ	$W/(m \cdot K)$	Wärmeleitfähigkeit
λ_k	-	Schubstangenverhältnis
μ	-	Reibungskoeffizient
π	-	Kreiszahl
ρ	m^3/kg	Dichte
φ	°	Kurbelwinkel
σ	N/m	Oberflächenspannung
τ	s	Zeit
ν	m^2/s	Kinematische Viskosität
ω	m/s^2	Winkelgeschwindigkeit

Indizes

Zeichen	Bedeutung
ab	abströmend
Aus	Austritt
D	Discharge (Förderdruck)
Ein	Eintritt
F	Feststoff
g	Gas
hom	homogen
K	Kolben
KM	Kühlmittel
l	Liquid, dt. flüssig
L	Luft
P	Packung
rad	radial
tr	trocken
U	Umgebung
W	Wasser
zu	zuströmend

1	Zustand 1
2	Zustand 2

Abkürzungen

Abkürzung	Bedeutung
BCD	Balanced Cap Design
DK	Druckkammer
DS	Deckelseite
KS	Kurbelseite
KSD	Kolbenstangendichtung
PEEK	Polyetheretherketon
PFA	Perfluoralkoxy-Polymer
PR	Packing Ring (dt.: Packungsring)
PTFE	Polytetrafluorethylen
SK	Saugkammer

1. Einleitung

1.1 Aufgabe und Aufbau einer Kolbenstangenpackung

Neben den allgemeinen Forderungen nach einem möglichst niedrigen Energieverbrauch bei vorgegebener Förderleistung und einer hohen Betriebszuverlässigkeit steht die Forderung nach Dichtheit – insbesondere bei der Förderung gefährlicher Gase – im Vordergrund. Speziell die Abdichtung zwischen ruhenden und bewegten Bauteilen ist zu gewährleisten.

Die Abdichtung von Räumen, die von oszillierend bewegten Bauteilen begrenzt werden, erfolgt bevorzugt mit Dichtringen [38]. Infolge der Druckdifferenz zwischen den abzudichtenden Räumen werden die Dichtringe auf die Dichtfläche gepresst (siehe Abbildung 1.1).

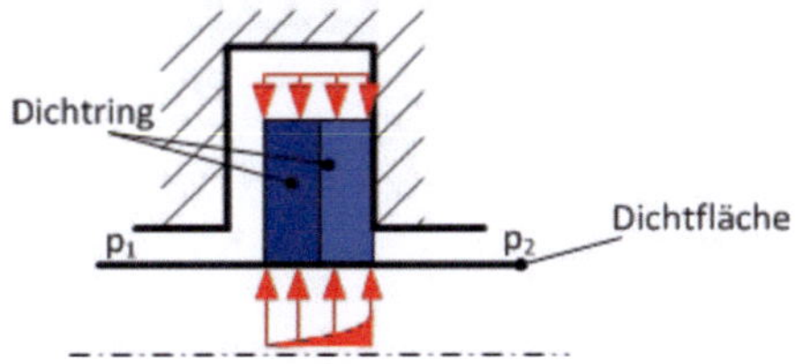

Abbildung 1.1: Schema der Druckverteilung an einem Dichtelement

Während für die Abdichtung benachbarter Arbeitsräume die Dichtringe (Kolbenringe) im bewegten Kolben angeordnet sind, werden für die Abdichtung eines Arbeitsraumes gegenüber der Atmosphäre Dichtringe (Packungsringe) in einem ruhenden Gehäuse (Packungsgehäuse) verwendet [13] (siehe Abbildung 1.2).

In beiden Fällen richtet sich die Anzahl der in Reihe geschalteten Dichtelemente nach der insgesamt abzudichtenden Druckdifferenz, wobei ein Kompromiss zwischen Baugröße (Kolben bzw. Packungsgehäuse) und Lebensdauer der Dichtelemente gefunden werden muss.

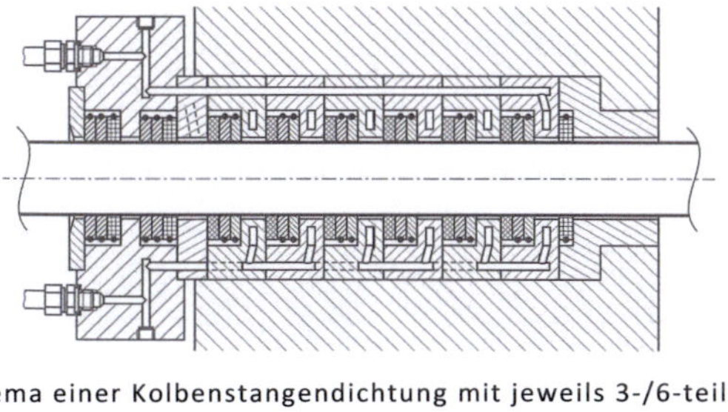

Abbildung 1.2: Schema einer Kolbenstangendichtung mit jeweils 3-/6-teiligem Dichtringpaar und einteiligem Stützring in jeder Ringkammer [9]

Bei fortschreitendem Verschleiß liegen die geschlitzten Kolbenringe an der Dichtfläche an, und die Stoßgeometrie muss so gestaltet werden, dass die Leckage möglichst wenig zunimmt.

Auch die Packungsringe müssen so geteilt werden, dass sie stets durch die anliegende Druckdifferenz an die Kolbenstange gepresst und die entstehenden Spalte überdeckt werden. Zur Erleichterung der Montage werden die Ringteile von einer Schlauchfeder zusammengehalten (Bild 1.3).

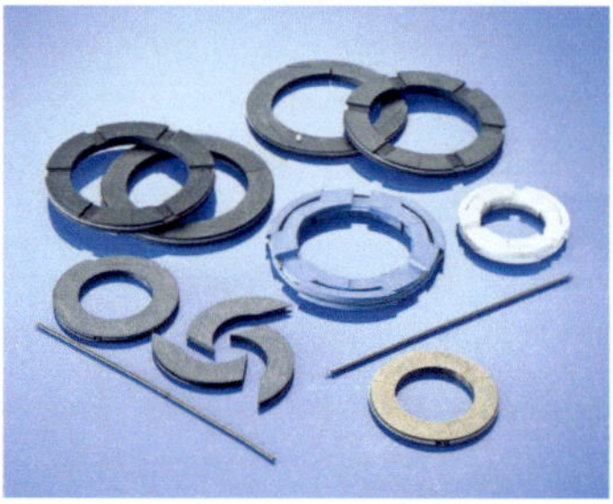

Abbildung 1.3: Verschiedene Designs von Segmentdichtringen für Kolbenstangendichtungen, Fa. STASSKOL [37]

Für die Lebensdauer der Dichtelemente und die Dichtheit der Anlage ist es von Vorteil, eine Zylinderschmierung vorzunehmen, weil damit die entstehende Reibungswärme verringert und die Wärmeabfuhr verbessert wird. Werden – wie z.B. in der pharmazeutischen oder in der Verpackungsindustrie – ölfreie Gase benötigt, muss auf eine Schmierung im Zylinderbereich verzichtet werden, und es werden trockenlaufende Dichtelemente eingesetzt. Nicht geschmierte Dichtelemente nehmen eine höhere Temperatur an, weil die Reibleistung höher und die Wärmeabfuhr geringer ist. Die höheren Temperaturen verringern die Lebensdauer der Packungselemente und verkürzen die Wartungsintervalle.

Sowohl bei geschmierten als auch bei trockenlaufenden Kompressoren kommen in der Regel kunststoffbasierte Dichtelemente zum Einsatz.

1.2 Einflussfaktoren auf die Standzeit von trockenlaufenden Dichtelementen

1.2.1 Einflussfaktoren des Verschleißes

Der radiale Verschleiß Δr der Dichtungselemente kann nach [9] durch Gleichung (1.1) bestimmt werden

$$\Delta r = L \cdot \bar{p}_{rad} \cdot K, \tag{1.1}$$

wobei L der zurückgelegte Laufweg des Kolbens in dem betrachteten Zeitraum, $\bar{p}_{rad}$ der mittlere radiale Anpressdruck und K der Verschleißfaktor (siehe Gleichung (1.3)) sind.

Für die Berechnung des mittleren radialen Anpressdrucks ist die Druckverteilung in der Reibfläche des Ringes maßgebend. In Abbildung 1.1 ist ein Dichtring schematisch dargestellt, der aus mehreren Segmenten besteht. Der Druck auf der dem Arbeitsraum zugewandten Seite ist mit p_1, der Druck nach dem Dichtring mit p_2 bezeichnet. Wegen $p_2 < p_1$ wird der Dichtring in der Ringkammer mit der rechten Flanke angedrückt und der Druck p_1 liegt sowohl an der linken Seite als auch am Umfang des Dichtringes an. Zur Gewährleistung der Wärmedehnung des Ringes muss sowohl radial als auch axial genügend Spiel vorhanden sein. Deshalb gilt näherungsweise

$$\bar{p}_{rad} \approx \frac{p_1 - p_2}{2} \tag{1.2}$$

Der Verschleißfaktor K hängt von den Einsatzbedingungen des Ringes und vom Werkstoff ab. Für Ringwerkstoffe auf der Basis von PTFE formulierte Kriegel [20] folgenden Zusammenhang:

$$K = K_0 \cdot K_T \cdot K_C \cdot K_R \cdot K_\varphi \tag{1.3}$$

Darin berücksichtigt werden ein charakteristischer Materialkennwert K_0 sowie die Einflussfaktoren der Gleitflächentemperatur K_T, der mittleren Kolbengeschwindigkeit K_C, der Rauigkeit der Gleitbahn K_R und der Taupunkttemperatur des Förderstoffs K_φ. Um den Verschleiß möglichst gering zu halten, wird eine Minimierung jedes Teilfaktors angestrebt.

Weil man mit möglichst hohen Kolbengeschwindigkeiten kleine Maschinenabmessungen (bzw. hohe Durchsätze) realisieren will, kann der Faktor K_C nicht beliebig reduziert werden. Bei Einhaltung des optimalen Rauhigkeitsbereichs ist der Faktor K_R weitgehend minimiert. Da der Taupunkt im Wesentlichen von der Zusammensetzung des Förderstoffs abhängt, ist auch der Faktor K_φ kaum zu beeinflussen.

In den folgenden Abschnitten werden deshalb nur die technischen Entwicklungen zur Verringerung der Faktoren K_0 und K_T beschrieben.

1.2.2 Optimierung des Packungsringdesigns

Ein Ziel der konstruktiven Verbesserung von Packungsringen ist die Herabsetzung der Reibleistung und damit der erzeugten Temperatur der Reibfläche. Im Folgenden wird dafür ein Gestaltungsbeispiel beschrieben:

Basierend auf den Untersuchungen bisheriger Ringkonzepte wurde der BCD (balanced cap design) Packungsring der Fa. Hoerbiger entwickelt [26], der sowohl eine hohe Dichtwirkung, als auch eine geringe Verschleißrate aufweist. Der BCD-Ring besteht aus vier Einzelteilen (Abbildung 1.4).

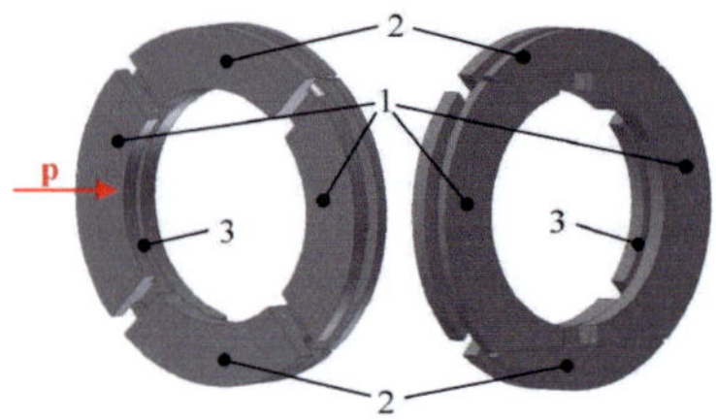

Abbildung 1.4: BCD-Packungsring, Fa. HOERBIGER [26]

Links ist die dem Hochdruck zugewandte Seite mit vier radialen Nuten dargestellt. Zwischen den beiden Hauptsegmenten (1) auf der Rückseite des Ringes befinden sich zwei verschleißkompensierende Nuten. Die mit (2) gekennzeichneten Bestandteile des Dichtrings sind Aufsätze, die die Nuten in axialer und radialer Richtung abdichten. Der dargestellte Ring benötigt keinen zusätzlichen Stützring. Die Innenseite der Hauptelemente (1) ist mit einer Fase versehen, die eine hohe Dichtheit des Ringes garantiert ohne einen ungewollten Druckanstieg in den verschleißkompensierenden Nuten hervorzurufen. Position (3) zeigt die Entlastungsnut in den beiden Hauptsegmenten, die zu einer Reduzierung der anliegenden Fläche und damit zu einer Reduzierung des Reibungswärmeeintrags und des Verschleißes führt, ohne die Dichtheit des Ringes zu beeinflussen. Abbildung 1.5 zeigt deutlich, dass der BCD-Ring – im Gegensatz zu einem tangential geschnittenen Ring – bei Verschleiß symmetrisch bleibt.

Abbildung 1.5: Vergleich neuer BCD-Ring, verschlissener BCD-Ring und verschlissener Tangentialring [26]

Mit Hilfe des Ringdesigns kann positiv auf den Betrag und die Gleichförmigkeit des Verschleißes und damit auf die Lebensdauer des Ringes Einfluss genommen werden. Dennoch werden bei großen

Druckdifferenzen Temperaturen im Bereich der Kolbenstange erzeugt, die eine zusätzliche Kühlung erforderlich machen.

1.2.3 Materialoptimierung der Dichtelemente

Die geforderte Ölfreiheit stellt hohe Anforderungen an die Auswahl der einzusetzenden Werkstoffe der Dicht- und Führungselemente [11]. Der Trockenlauf ist nur möglich, wenn die hierfür eingesetzten Dichtwerkstoffe eine sogenannte Feststoffschmierung realisieren. Die Festschmierstoffe werden aus dem Dichtmaterial an die Gegenlauffläche abgegeben. Die zwischen den Reibpartnern ausgebildete Schicht wird als Transferfilm bezeichnet. Zu den eingesetzten Festschmierstoffen werden organische Verbindungen (PTFE, PFA etc.), weiche Metallverbindungen ohne Schichtgitter (Fluoride, Oxide etc.) sowie Verbindungen mit Schichtgitter (Graphit etc.) gezählt. Ein allgemeines Anforderungsprofil an trockenlaufende Reibpaarungen enthält [11].

Gegenwärtig zeigt sich ein klarer Trend zu Dichtelementen, die aus mehreren Werkstoffkomponenten bestehen. Hier kann grundsätzlich zwischen zwei Gruppen unterschieden werden:

- eine Gruppe mit guten Festigkeitseigenschaften, jedoch nur mäßigen Schmiereigenschaften (z.B. Bronze, Glasfaser)
- eine zweite Gruppe mit guten Schmiereigenschaften, aber schlechten mechanischen Eigenschaften (z.B. PTFE)

Die verwendeten Gemische aus Kunststoffen beider Gruppen können in Polymerblends, Fluorpolymere und Hochtemperaturpolymere unterteilt werden.

PTFE ist der Basiswerkstoff von Fluorpolymeren, wobei beachtet werden muss, dass diese Werkstoffe, neben hervorragenden schmierenden Eigenschaften, bei hohen Temperaturen eine ausgeprägte Kriechneigung, einen hohen Wärmeausdehnungskoeffizienten, schlechte Wärmeleiteigenschaften und eine geringe mechanische Festigkeit aufweisen. Es wird versucht, diese Nachteile mit Hilfe von Füllstoffen (Graphit, Bronze, Glasfaser u.a.) auszugleichen. Da dies jedoch nur mit Füllstoffanteilen von ca. 25 bis 35 % [11] geschehen kann, muss nach weiteren Materialmöglichkeiten gesucht werden.

Hierfür kommen zum Beispiel Legierungen verschiedener Polymere (Polymerblends) zum Einsatz. Als ein Beispiel sei hier die Mischung aus PTFE, PEEK und anorganischen Füllstoffen genannt. Die exakte Zusammensetzung bleibt ein wohl gehütetes Firmengeheimnis. Der derzeitige Einsatz beschränkt sich aufgrund des höheren Preises auf Spezialanwendungen bei niedrigen Druckdifferenzen (wegen ihrer hohen Sprödigkeit) [11].

In Anlagen mit hohen Druckdifferenzen bzw. hohen Temperaturen kommen meist nur Hochtemperaturpolymere mit hoher Warmfestigkeit zum Einsatz (Duro- und Thermoplaste). Diese haben gute mechanische, aber schlechte Schmiereigenschaften und müssen mit Festschmierstoffen (PTFE, Graphit) aufgefüllt werden.

Es wird versucht, eine optimale Mischung aus beiden oben genannten Gruppen zu finden, um sowohl der Schmierfähigkeit als auch den mechanischen Anforderungen gerecht zu werden.

Neben den genannten Dichtwerkstoffen beeinflussen die jeweiligen Gegenlaufflächen (Zylinderliner und Kolbenstange) die Reibleistung, die Temperaturerhöhung und den Verschleiß. In der tribologischen Forschung werden unter anderem für trockenlaufende Dichtsysteme die einzelnen thermodynamischen, mechanischen und chemischen Prozesse im Zusammenhang betrachtet. Für allgemeine tribologische Zusammenhänge wird auf [7], für Betrachtungen speziell für trockenlaufende Dichtungen in Kolbenkompressoren auf [41] verwiesen.

1.2.4 Extern gekühlte Kolbenstangenpackungen

Neben einem optimalen Ringdesign gehört bei hochbelasteten Dichtsystemen die externe Kühlung der Packung zum Stand der Technik, wenn sie bezüglich der Betriebssicherheit und einer zufriedenstellenden Lebensdauer der Dichtelemente benötigt wird.

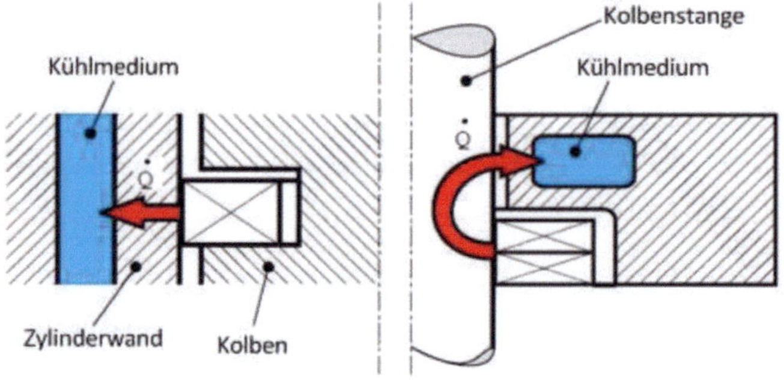

Abbildung 1.6: Wärmetransport zu Kühlmedium im System Kolben (links) und Kolbenstangenpackung (rechts), [12]

In Abbildung 1.6 ist links das Prinzip eines gekühlten Zylinders dargestellt. Die Reibwärme wird zwischen dem bewegten Kolbenring und der stehenden Zylinderwand produziert. Zylinderseitig ist es konstruktiv sehr einfach einen Kühlmantel anzubringen, der die erzeugte Wärme möglichst schnell aus der Reibungszone abtransportiert. Im rechten Bild ist schematisch die Kühlung der Kolbenstangenpackung dargestellt. Die Reibungswärme wird zwischen den stehenden Dichtelementen und der sich bewegenden Kolbenstange erzeugt. Es wird veranschaulicht, dass auch bei der Kühlung des Packungsgehäuses ein großer Teil der Wärme über die Kolbenstange geleitet wird, weil die Wärmeleitfähigkeit des Dichtmaterials relativ gering ist.

Von [12] wurden verschiedene Konstruktionsvarianten der Packungskühlung untersucht. Bei allen ist die vollständige Abdichtung des Kühlkanals gegenüber dem Förderstoff des Verdichters zwingend notwendig, was durch die Gliederbauweise der Packung erschwert wird.

Die Längskühlung hat das größte Potential zur Temperaturreduktion des Packungsgehäuses (siehe Abbildung 1.7) und die geringste Störanfälligkeit.

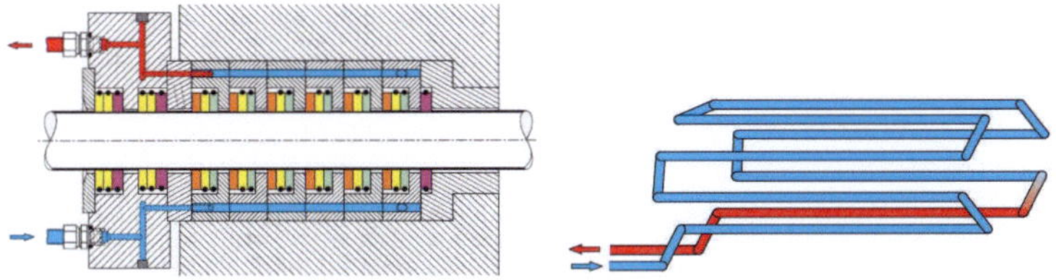

Abbildung 1.7: Längskühlungskonzept des Kolbenstangendichtsystems, [12]

Die Strömung wird dabei parallel zur Kolbenstange geführt, während frühere Varianten eine ringförmige Umströmung aufwiesen. Trotz optimierter Führung der Kühlkanäle besteht bei jeder Kühlung der Packung die Gefahr der Verstopfung der Kühlkanäle. Hinzu kommt der erhöhte bauliche Aufwand, da das gesamte Packungsgehäuse sowie das Zwischenstück wegen der Kühlkanäle größer dimensioniert werden müssen.

Generell wird bei der externen Kühlung der Packung ein zusätzlicher Kreislauf benötigt, um das Kühlmedium rückzukühlen, was mehr Bauteile, höhere Investitions- und Betriebskosten, sowie höheren Konstruktionsaufwand zum Anschluss der Kühlleitungen und zur Vermeidung von Leckagen bedeutet.

1.2.5 Interne Kühlung der Kolbenstange

Weil die Wärmeabfuhr aus der Reibzone über die Kühlung des Packungsgehäuses – wie vorstehend beschrieben – sehr aufwendig ist, besteht der Anreiz zu einer internen Kühlung der Kolbenstange. Basierend auf dem Prinzip eines Wärmerohrs wird dazu die Kolbenstange als ein Wärmeübertrager mit hoher Effektivität (siehe Abbildung 1.8) gestaltet.

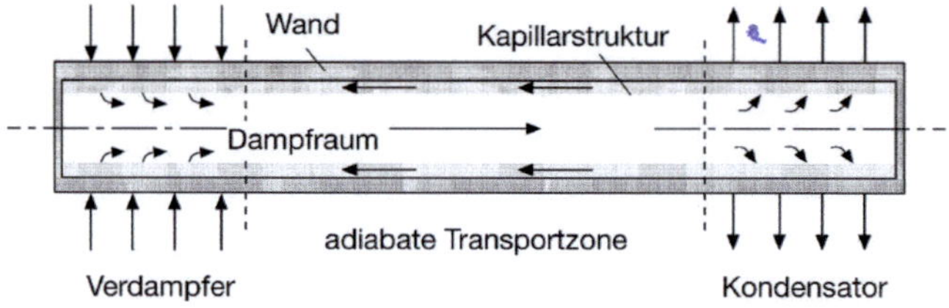

Abbildung 1.8: Prinzipdarstellung eines Wärmerohrs [40]

Im Wärmerohr wird der flüssige Anteil eines zweiphasigen Arbeitsmediums hin zu einem Bereich hoher Temperatur transportiert. Dies geschieht häufig über Kapillarstrukturen, die einen Transport auch entgegen der Schwerkraft ermöglichen. Das Medium verdampft im Bereich der hohen Temperaturen, und der entstandene Dampf bewegt sich hin zum kalten Ende des Wärmerohres, um wieder zu kondensieren.

In der Kolbenstange eines trockenlaufenden Kolbenkompressors liegen hohe Temperaturen im Bereich des Kolbens und der Kolbenstangendichtung und niedrigere Temperaturen im Bereich des Kreuzkopfes vor. Das Prinzip des Wärmerohrs kann auf die Kolbenstange eines Hubkolbenkompressors angewendet werden, ohne dass Kapillarstrukturen erforderlich sind.
Die Kolbenstange wird mit einer konzentrischen Bohrung versehen, die mit einem zweiphasigen Kühlmedium gefüllt wird. Aufgrund der oszillierenden Bewegung der Kolbenstange werden Flüssigkeit und Gas stets gut durchmischt. Damit ist eine Wärmeaufnahme durch die Flüssigkeit stets dort möglich, wo infolge von Reibung oder Wärmezufuhr aus dem Verdichtungsraum die Kolbenstangentemperatur hoch ist. In kühleren Bereichen (unterhalb der Packung, im Kreuzkopfbereich) kann das Gemisch die Wärme zuerst wieder an die Kolbenstange abgeben. Anschließend erfolgt der Wärmetransport über Wärmeleitung zum Kreuzkopf und damit zum Öl im Kurbelraum. So führt die interne Kühlung zur Verminderung des Wärmeleitwiderstandes der Kolbenstange und zur Reduzierung der Maximaltemperatur. Durch die Schmierung des Kreuzkopfes mit rückgekühltem Öl kann die Wärme aus der Anlage abgeführt werden.
Der Hohlraum der Kolbenstange kann mit internen Strukturen, als Rohr-in-Rohr-System, aber auch mit Rückschlagventilen zur Begünstigung der Förderung des flüssigen Arbeitsmediums ausgestattet werden.
Entsprechende Überlegungen sind in einem Patent der Technischen Universität Dresden zur Kolben- und Kolbenstangenkühlung [39] niedergelegt. Abbildung 1.9 zeigt das Grundprinzip der

vorgeschlagenen Kühlung, die nicht nur die Kolbenstange, sondern auch den Kolben kühlt und die aufgenommene Wärme durch einen Kreuzkopf mit interner Kavität an das Öl im Kurbelraum abgibt.

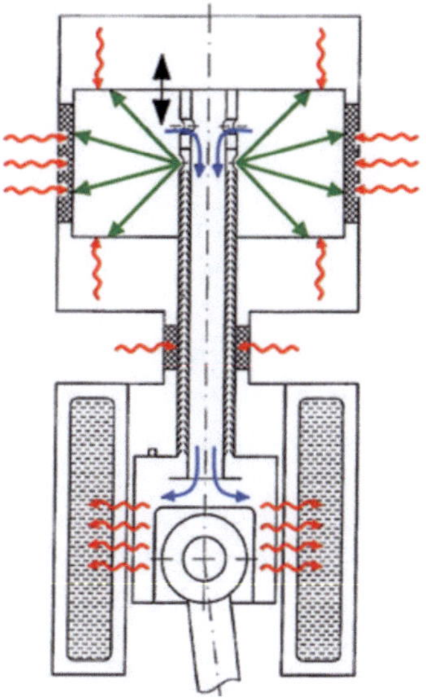

Abbildung 1.9: Patentidee Kolben- und Kolbenstangenkühlung [39]

Aufgrund der mechanisch stark beanspruchten Verbindungen Kolben-Kolbenstange und Kolbenstange-Kreuzkopf wurde entschieden, zunächst die Kühlung der Kolbenstange allein zu untersuchen, wobei nur die Kolbenstange mit einer internen Kavität zu gestalten ist und Kolben sowie Kreuzkopf im Originalzustand belassen werden. Damit wird die Stabilität der Verbindungen nicht gefährdet, und der Kühleffekt konzentriert sich auf den Bereich der Kolbenstangendichtung. Diese Beschränkung erscheint auch insofern sinnvoll, als bei der internen Kühlung des Kolbens – verglichen mit der Zylinderkühlung – ein geringerer Kühleffekt zu erwarten ist.

1.3 Zielstellung und Wege der Arbeit

Ziel dieser Arbeit war es, einen experimentellen Nachweis für die Funktionsfähigkeit der internen Kühlung der Kolbenstange von trockenlaufenden Prozessgaskompressoren zu erbringen. Die Kühlmethode sollte die Temperatur der Kolbenstange selbst und damit auch die der Dichtelemente der Packung wesentlich senken, um den die Lebensdauer der Dichtelemente reduzierenden, Temperaturfaktor des Verschleißes zu minimieren.

Entsprechend der Zielstellung wurden primär experimentelle Untersuchungen durchgeführt. Nachdem die Funktion des Kühlkonzeptes an einem kleinen Verdichter nachgewiesen werden konnte, wurden umfassendere Messungen an einem Verdichter mittlerer Größe vorbereitet.

Parallel dazu sollten theoretische Untersuchungen das Verständnis und die Verallgemeinerung der experimentellen Ergebnisse ermöglichen. Dabei wurde erkannt, dass eine quantitative Beschreibung der Vorgänge im Kolbenstangenhohlraum weder auf rein theoretischem Wege, noch allein durch experimentelle Untersuchungen an realen Kolbenverdichtern möglich ist. Dies führte zum Aufbau eines Modellprüfstandes, der es ermöglicht, die Wärmezu- und abfuhr an einem intern gekühlten oszillierenden Rohr experimentell zu untersuchen.

Anschließend an die Messungen am Modellprüfstand und deren Auswertung, wurden Experimente an einem doppeltwirkenden Versuchskompressor in Boxer-Bauweise durchgeführt.

Nach Abschluss der experimentellen Untersuchungen wurde der Versuch unternommen, alle Erkenntnisse durch eine möglichst umfassende thermodynamische Modellierung zu interpretieren und allgemeine Schlussfolgerungen daraus zu ziehen.

Im Weiteren werden – aus Gründen der Übersichtlichkeit – die Ergebnisse der theoretischen und experimentellen Untersuchungen getrennt beschrieben und abschließend miteinander verglichen.

Kapitel 2 befasst sich mit den theoretischen Untersuchungen des Wärmetransports für das neue Kühlkonzept, legt verschiedene Modellannahmen dar und behandelt Auswahlkriterien für das Kühlmedium.

In Kapitel 3 werden die experimentellen Untersuchungen an verschiedenen Testständen erläutert und die jeweiligen Ergebnisse diskutiert.

Kapitel 4 befasst sich mit der rechnerischen Bestimmung der Temperaturverteilung im System Kolbenstange-Packung, sowohl ein- als auch zweidimensional.

Kapitel 5 führt Schlussfolgerungen aus dem Vergleich von theoretischen und experimentellen Untersuchungen an.

Abschließend werden die Erkenntnisse der Arbeit in Kapitel 6 zusammengefasst, und es werden Ausblicke auf zukünftige Forschungsthemen gegeben.

2 Theoretische Ansätze und Abschätzungen

2.1 Wärmebilanz für die Kolbenstange

Zur Bestimmung der Temperaturverteilung in der Kolbenstange müssen drei Vorgänge betrachtet werden:

- Konvektiver Wärmeübergang an der Kolbenstange
- Wärmezufuhr infolge Reibung der Dichtelemente
- Wärmeleitung durch die Kolbenstange

Abbildung 2.1 zeigt für einen doppeltwirkenden einstufigen Verdichter die Bereiche, in denen diese Vorgänge stattfinden.

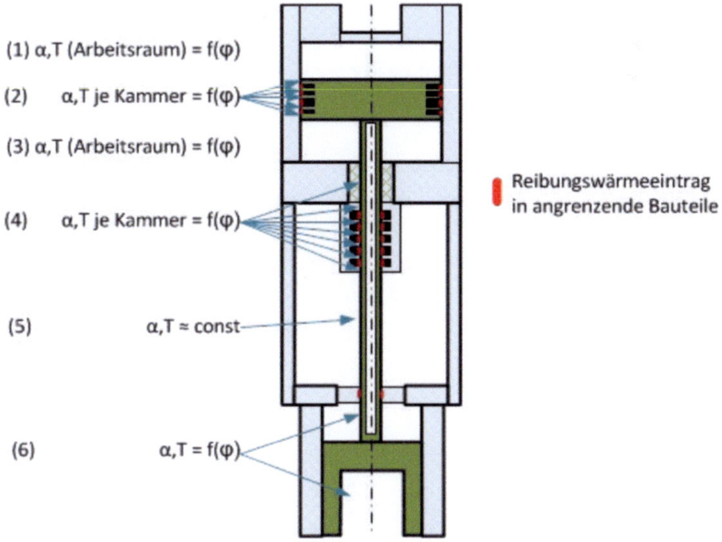

Abbildung 2.1: Schema der Konvektion an der und des Reibungseintrags in die Kolbenstange

In der Abbildung grün hervorgehoben sind die oszillierenden Bauteile des Kompressors. Sie besitzen je nach Material eine unterschiedliche Wärmeleitfähigkeit, die zu einem besseren bzw. schlechteren Wärmetransport zwischen dem warmen Kolben und dem kühleren Kreuzkopf führt. In blau-grau ist das Gehäuse des Kompressors dargestellt.

Betrachtet man die konvektive Wärmezu- und -abfuhr, so sind sechs Bereiche zu unterscheiden:

- Bereich (1): Der Wärmeübergang zu den angrenzenden Bauteilen im deckelseitigen Arbeitsraum hängt vom Zustand des Förderstoffs ab.

- Bereich (2): Zwischen den Kolben- und Führungsringen am Kolben befinden sich gasbeaufschlagte Bereiche mit unterschiedlicher Temperatur und Wärmeübergangskoeffizienten.
- Bereich (3): Der kurbelseitige Arbeitsraum verhält sich analog zum deckelseitigen Arbeitsraum, mit dem Unterschied, dass hier zusätzlich die Kolbenstange direkt mit dem zu komprimierenden Gas in Kontakt kommt. Somit hat die Erwärmung des Gases einen direkten Einfluss auf die Kolbenstange.
- Bereich (4): Auch im Packungsbereich ist – ähnlich wie im Bereich (2) – der Wärmeübergang abhängig von der Gastemperatur und dem Wärmeübergangskoeffizienten in den Kammern zwischen den einzelnen Dichtelementen.
- Bereich (5): Der Wärmeübergang im Bereich des Zwischenstücks (Laterne) hängt von der Temperatur und dem Wärmeübergangskoeffizienten des umgebenden Gases ab.
- Bereich (6): Unterhalb der Ölabstreifdichtung kommen die Kolbenstange und der Kreuzkopf in Kontakt mit Öl, was eine Wärmeabfuhr bewirkt.

Zur Quantifizierung der konvektiven Wärmeströme wird Gleichung (2.1) verwendet

$$\hat{\dot{q}} = \frac{\dot{Q}}{A} = \alpha \cdot \Delta T \tag{2.1}$$

In allen Bereichen (außer Bereich 5) liegt eine Abhängigkeit der Temperatur und des Wärmeübergangskoeffizienten vom Kurbelwinkel vor, für deren Bestimmung eine dreidimensionale instationäre Strömungsberechnung in den o.a. Räumen erforderlich wäre. Da diese Untersuchung in dem für das Projekt zur Verfügung stehenden zeitlichen Rahmen nicht möglich war, wird auf in der Literatur vorhandene empirische Zusammenhänge zurückgegriffen.
Nach [35] kann Gleichung (2.2) zur Berechnung der Nußelt-Zahl verwendet werden.

$$Nu = 0{,}75 \cdot Re^{0{,}8} \cdot Pr^{0{,}6}, \tag{2.2}$$

aus der sich mit Hilfe der charakteristischen Länge l und der Wärmeleitfähigkeit des Mediums λ der Wärmeübergangskoeffizient ergibt:

$$Nu = \frac{\alpha \cdot l}{\lambda} \tag{2.3}$$

Zur Bestimmung der Temperaturdifferenz $\Delta T = T_G - T_F$ kann die Gastemperatur aus einer überschlägigen Berechnung der thermodynamischen Vorgänge in den Arbeitsräumen und Ventilkammern oder aus zeitlich gemittelten Messwerten entnommen werden. In Abschnitt 4.2.2 der vorliegenden Arbeit wird eine instationäre Temperaturfeldberechnung beschrieben, die veranschaulicht, dass die Zeitabhängigkeit der Randbedingungen für technische Zwecke

vernachlässigbar ist, so dass bei der Auswertung der vorstehenden Gleichungen mit zeitgemittelten Werten für ΔT und α gearbeitet werden kann.
Ein weiterer Wärmeeintrag erfolgt durch Reibung zwischen den Kolbenringen und dem Zylinder, sowie den Kolbenstangendichtelementen und der Kolbenstange (Abbildung 2.1, rot markiert). Bei Kenntnis der anliegenden Druckverteilung kann die Reibleistung näherungsweise gemäß den folgenden Gleichungen bestimmt werden.

Die augenblickliche Reibleistung ergibt sich aus dem Produkt des radialen Anpressdruckes des Rings p_{rad}, der anliegenden Ringfläche A_{Ring}, dem Reibungskoeffizienten μ sowie dem Betrag der Kolbengeschwindigkeit c_K.

$$P_{Reib}(t) = p_{rad} \cdot A_{Ring} \cdot \mu \cdot |c_K| \tag{2.4}$$

Dabei wird der radiale Anpressdruck in erster Näherung mit einer linearen Druckverteilung gemäß

$$p_{rad} \approx \frac{p_1 - p_2}{2} + p_{Feder} \tag{2.5}$$

berechnet, wobei p_1 den gemessenen oder berechneten Druck vor dem Ring, p_2 den Druck nach dem Ring und p_{Feder} die durch die umspannende Ringfeder aufgebrachte Flächenpressung beschreiben.
Der federbedingte Anpressdruck liegt jedoch nur bei den Dichtringen der Packung vor, ist u.a. abhängig von der Ringbreite b und dem inneren Ringdurchmesser d und kann wie folgt berechnet werden.

$$p_{Feder} = \frac{2 \cdot F_{Feder}}{d \cdot b} \cdot \frac{d \cdot b}{A_{Ring}} = \frac{2 \cdot F_{Feder}}{\pi \cdot b \cdot d} \tag{2.6}$$

Die kurbelwinkelabhängige Kolbengeschwindigkeit hängt von den geometrischen Gegebenheiten und der Winkelgeschwindigkeit des Kompressors ab:

$$c_K = r \cdot \omega \cdot \left[\sin(\varphi) + \frac{\lambda_k}{2} \cdot \sin(2 \cdot \varphi)\right] \tag{2.7}$$

Mit Hilfe der beschriebenen Werte lässt sich die mittlere Reibleistung definieren:

$$\overline{P_{Reib}} = \frac{1}{2 \cdot \pi} \cdot \int_0^{2\pi} P_{Reib} d\varphi \tag{2.8}$$

Daraus kann der flächenspezifische Wärmestrom infolge Reibleistung an der Stelle y_{Ring} der Ringfläche

$$\dot{q}(y_{Ring}) = \frac{P_{Reib}}{A_{Ring}} \tag{2.9}$$

und die zeitgemittelte flächenspezifische Reibleistung an der Stelle y_{Gegen} der Gegenlauffläche mit

$$\bar{\dot{q}}(y_{Gegen}) = \frac{1}{2 \cdot \pi} \cdot \int_0^{2\pi} q(y_{Gegen}) d\varphi \tag{2.10}$$

bestimmt werden. Der Wert $\bar{\dot{q}}(y_{Gegen})$ ist nur dann ungleich Null, wenn der betrachtete Ring gerade anliegt.

Hierbei gilt folgender Zusammenhang der y-Koordinaten (y-Achse ist Symmetrieachse der Kolbenstange):

$$y_{Gegen} = y_{Ring} + (-) y_K + y_0 \tag{2.11}$$

$$y_K = r \cdot \left[1 - \cos(\varphi) + \frac{\lambda}{4} \cdot (1 - \cos(2\varphi)) \right] \tag{2.12}$$

Das Vorzeichen des Kolbenwegs y_K ist abhängig davon, ob die Ringseite ruhend oder bewegt ist.

Mit Hilfe dieser Grundgleichungen ist der Wärmeeintrag infolge Reibung durch die Kolben-, Führungs- und Dichtringe der Packung berechenbar. Einen vermutlich geringen Wärmeeintrag hat die Reibleistung der Ölabstreifdichtung im unteren Bereich der Kolbenstange.

Der Reibwärmeeintrag am Kolben ist auch für die Kolbenstange relevant, da aufgrund von Wärmeleitung die beiden Komponenten thermisch miteinander verbunden sind.

Mit Abbildung 2.2 wird der Versuch unternommen, den Wärmetransport in der Kolbenstange zu veranschaulichen.

Die Hauptwärmeeinträge infolge Erwärmung des komprimierten Gases und der Reibung sind mit roten Pfeilen, die Hauptflussrichtungen der Wärmeströme sind mit grünen Pfeilen gekennzeichnet. Je nachdem wie groß die Wärmeleitfähigkeit der Bauteile ist (farbig unterschiedlich gekennzeichnet), kann die Wärme mit einem mehr oder weniger großen Temperaturgradienten zu-bzw. abgeführt werden.

In der Abbildung ist auch die geplante Innenbohrung der Kolbenstange dargestellt. Mit Hilfe des eingefüllten Kühlmediums soll eine wesentliche Erhöhung der Wärmeleitfähigkeit der Kolbenstange erreicht werden. So kann die Wärme besser vom Kolben und aus dem Packungsgebiet in Richtung Kreuzkopf transportiert werden, wo sie an das kühle Schmieröl im Kurbelraum abgegeben wird.

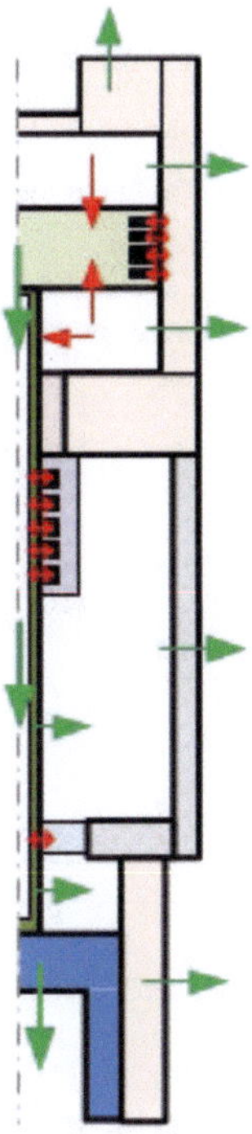

Abbildung 2.2: Schema Wärmeleitung doppeltwirkender Kompressor

2.2 Stand der Technik bei der Beschreibung von Zweiphasenströmungen in ruhenden Rohren

Bei dem in Abschnitt 1.2.4 beschriebenen Konzept zur internen Kühlung spielen die Strömungsvorgänge im Inneren der Kolbenstange eine große Rolle. Schon für die Berechnung einer Zweiphasenströmung ohne Phasenübergang in ruhenden Rohren wurde bisher noch keine allgemeingültige Theorie gefunden. Bei der Strömung im Hohlraum der Kolbenstange kommt erschwerend hinzu, dass keine gerichtete Strömung vorliegt und Phasenübergänge stattfinden.

Im Folgenden wird erklärt, warum die exakte Berechnung der interessierenden Vorgänge im Kolbenstangenhohlraum beim gegenwärtigen Stand der Technik nicht möglich ist.

2.2.1 Adiabate Zweiphasenströmungen

Die Grundlage der bestehenden theoretischen Ansätze für Mehrphasen- und Mehrkomponentenströmungen bilden experimentelle Untersuchungen, deren Ergebnisse Eingang in empirische Gleichungen gefunden haben. Derzeit eingesetzte Messverfahren sind beispielsweise Röntgen- oder elektrische Tomographieverfahren. Zur Bestimmung von Partikelgeschwindigkeiten in Strömungen kommen häufig Laser-Doppler-Anemometer (LDA), Particle Image Velocimetry (PIV) bzw. Videometriemessverfahren zum Einsatz. Detaillierte Informationen zu Untersuchungen dieser Art bieten u.a. die folgenden Literaturstellen: [8], [32], [34].

Für einige Spezialfälle von Strömungen, z.B.: gerichtete Strömung in vertikalen oder horizontalen Rohren (einphasig und mehrphasig), existieren sogenannte Strömungsformkarten. Mit deren Hilfe ist es möglich, in einem gewissen Genauigkeitsrahmen Vorhersagen bzgl. der auftretenden Strömungsparameter zu treffen. Abbildung 2.3 zeigt eine solche Strömungsformkarte für Gas-Flüssigkeits-Strömungen in horizontalen Rohren nach Taitel und Dukler.

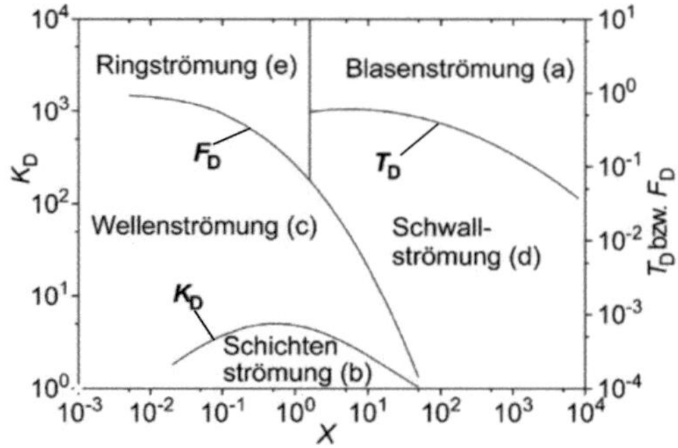

Abbildung 2.3: Strömungsformen für horizontale Strömung in Rohren nach Taitel und Dukler [40]

Zur Bestimmung der Strömung werden neben dem Lockhart-Martinelli-Parameter X, der die Reibungsdruckverluste der einzelnen Phasen beinhaltet, noch 3 weitere dimensionslose Größen F_D, T_D bzw. K_D benötigt. Hier fließen u.a. der Gasgehalt, die Dichten der beiden Phasen, Reibungsdruckverluste und Massenströme in die Berechnung ein [40]. Damit kann eine grobe Einteilung in Ring-, Blasen-, Wellen-, Schwall- und Schichtenströmung getroffen werden, jedoch sind die Grenzen eher unscharf definiert. Weiterhin bedeutet die Kenntnis darüber, welche Strömungsform vorliegt, nicht, dass diese einfach zu berechnen ist. Vor allem die Wechselwirkungen mit den Rohrwänden und zwischen den Phasen sind schwer abzuschätzen. Außerdem werden Phasenübergänge durch Wärmezu- bzw. -abfuhr sowie der Richtungswechsel der Strömung in einem oszillierenden Rohr noch nicht berücksichtigt.

Da noch kein Berechnungsverfahren für die oben beschriebene Strömung existiert, muss nach Verfahren gesucht werden, die zumindest Teilgebiete der Strömung hinreichend genau beschreiben und evtl. miteinander kombiniert werden können. Diesbezüglich behandeln die nächsten Teilabschnitte unterschiedliche Herangehensweisen der Berechnung und Messung von Zweiphasenströmungen, sowie deren Einsatzgrenzen.

Bezüglich des Aggregatzustandes werden Mehrkomponentenströmungen in Flüssigkeits-Feststoff-, Gas-Feststoff- und Gas-Flüssigkeits-Strömungen differenziert. Ferner unterscheidet man die Strömungsformen in horizontal oder vertikal angeordneten Rohren. Im Hinblick auf die Ziele der vorliegenden Arbeit, werden im Folgenden nur die Gas-Flüssigkeits-Strömungen betrachtet. Hierbei interessieren vor allem der Volumenanteil der Träger- bzw. Beladungsphase.

Abbildung 2.4 zeigt die Formen der gerichteten Gas-Flüssigkeits-Strömung in einem adiabaten Rohr [40]. Deutlich zu erkennen ist auch die Veränderung der Strömungsform mit der Rohrorientierung. Bei vertikalen Rohren mit einer Strömungsrichtung nach oben bildet sich bei einer großen Anzahl an Gasblasen die sogenannte Blasenströmung (A) aus. Die Wand ist von Flüssigkeit benetzt, während sich der Rest des Gemisches fast homogen vermischt. Betrachtet man die analoge Strömungsform im horizontalen Rohr, so ist eine Ansammlung der Blasen – aufgrund der Schwerkraft – hauptsächlich im oberen Bereich zu erkennen, während der untere Bereich nur Flüssigkeit enthält (a). Bei der sogenannten Kolbenblasenströmung in vertikalen Rohren (B in Abbildung 2.4) können sehr große Gasblasen auftreten. Betrachtet man den Querschnitt des Rohres, ist zeitweise der Anteil des Gases viel größer als der der Flüssigkeit, die sich in Kontakt mit der Wand befindet. Ein ähnliches Gas-Flüssigkeits-Verhältnis lässt sich auch im horizontalen Rohr wiederfinden (b), jedoch sammelt sich auch hier das Gas infolge der Schwerkraft wieder im oberen Bereich, und beide Phasen strömen gleichmäßig.

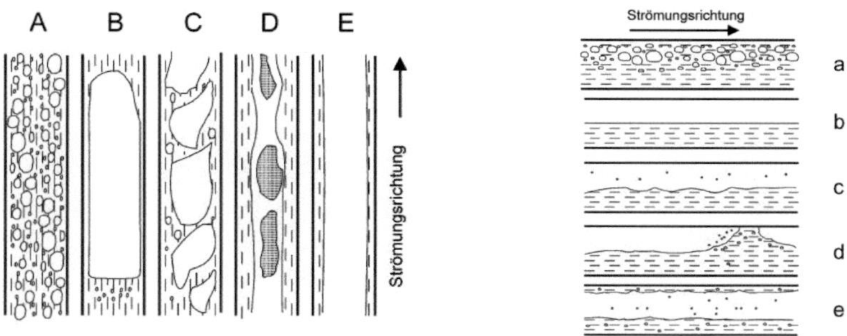

A Blasenströmung
B Kolbenblasenströmung
C Chaotische Strömung oder Schaumströmung
D Ringsträhnenströmung
E Ringströmung

a Blasenströmung
b Schichtenströmung
c Wellenströmung
d Schwallströmung
e Ringströmung

Abbildung 2.4: Strömungsformen im senkrechten und waagerechten Rohr [40]

Bei der chaotischen Strömung (C) in vertikalen Rohren bilden sich kleine und große Blasen mit zufälliger Verteilung, während sich bei der Ringsträhnenströmung (D) in ebenfalls vertikalen Rohren überwiegend die Flüssigkeit an der Wand verteilt, wohingegen sich die Gasphase im Rohrinneren mit einzelnen Flüssigkeitstropfen und -konglomeraten vermischt. In horizontalen Rohren unterscheidet man in Wellen- und Schwallströmung (c bzw. d). Beide weisen die flüssige Phase im unteren Rohrbereich, die Gasphase vornehmlich im oberen Bereich auf. Jedoch sind die Wellen der Flüssigkeit bei der Schwallströmung intensiver und können auch zeitweise den gesamten Rohrquerschnitt ausfüllen, was – aufgrund der guten Durchmischung – zu Tropfen in der Gasphase und Blasen in der Flüssigkeitsphase führt. Für beide Rohrpositionen ist der Begriff Ringströmung gleichermaßen zutreffend (E und e). Hier benetzt die Flüssigkeit die Rohrinnenwand komplett, wohingegen das Gas im Inneren des Rohres strömt. Bei horizontaler Anordnung befindet sich der Großteil der Flüssigkeit im unteren Bereich, allerdings ist auch der obere Bereich ausreichend benetzt.
Ebenfalls dem VDI-Wärmeatlas zu entnehmen sind die Grundgleichungen für die Impuls- und Massenstromdichten zur Berechnung der Strömungsformkarten. Die Bemerkung „wenn die Strömung ungestört ist", weist schon darauf hin, dass eine Änderung – auch sprungartig – von einer zur anderen Strömungsform bei Gas-Flüssigkeits-Gemischen keine Seltenheit ist. Aufgrund dieser möglichen Wechsel, ist eine Vorausberechnung der Verhältnisse im Rohrinneren nur mit einer Vielzahl von Annahmen möglich.

Das grundsätzlich als diskontinuierlich anzunehmende Verhalten von Mehrphasenströmungen kann nur unter der Annahme einer zeitlichen Mittelung als kontinuierliches Verhalten berechnet werden. Die hierfür möglichen Modellannahmen des Drift-Flux-Modells und des Zwei-Fluid-Modells bedingen laut VDI-Wärmeatlas [40] einen hohen Aufwand und erfordern die Nutzung umfangreicher Rechenprogramme. Beim Zwei-Fluid-Modell wird jede Phase für sich wie ein Fluid betrachtet, während beim Drift-Flux-Modell für das gesamte Gemisch eine Bewegungsgleichung angesetzt wird. [29] Ferner unterscheidet man zwischen dem heterogenen und dem homogenen Modell.
In beiden Modellen wird eine zeitliche Mittelung vorgenommen, womit eine Bestimmung des Gas- und Flüssigkeitsanteils in einem bestimmten Rohrbereich durch eine Integration über den Rohrquerschnitt möglich ist. Im heterogenen Modell kann eine Berechnung der Geschwindigkeit der einzelnen Phasen vorgenommen werden. Das homogene Modell geht davon aus, dass Gas und Flüssigkeit die gleiche Geschwindigkeit haben. Diese Annahme kann aber nur dann angewendet werden, wenn die Elemente der dispergierenden Phase (Tropfen, Blasen) hinreichend klein sind, so dass die Phasen sehr gut durchmischt sind. Die zur Berechnung benötigten Gleichungen sind [40] zu entnehmen.

2.2.2 Zweiphasenströmungen mit Wärmezu- und -abfuhr

Freie und erzwungene Strömung unter Berücksichtigung einer Wärmezufuhr wird in der Literatur mit Filmströmung bzw. Filmsieden beschrieben. Die Vorgänge, zu denen Filmsieden bei Zwangsströmung führen kann, sind äußerst vielfältig und lassen sich nur schwer thermohydraulisch beschreiben [28].

Unter Filmsieden wird der Zustand verstanden, bei dem sich – aufgrund eines hohen konstant gehaltenen Wärmestroms in Richtung Fluid – zwischen Wand und Flüssigkeit ein Dampffilm ausbildet (siehe Abbildung 2.5 a)), der die Flüssigkeit verdrängt und zu einer isolierenden Wirkung führt (Dryout). Somit kann die Wärme nicht mehr direkt von der Flüssigkeit für den Verdampfungsprozess aufgenommen werden, sondern muss zusätzlich den Wärmeleitwiderstand des Dampfes überwinden. Dies führt zu einer schlechteren Kühlung der äußeren Wand. Dieses Strömungsbild wird „umgekehrte Ringströmung" genannt (siehe Abbildung 2.5 b)).

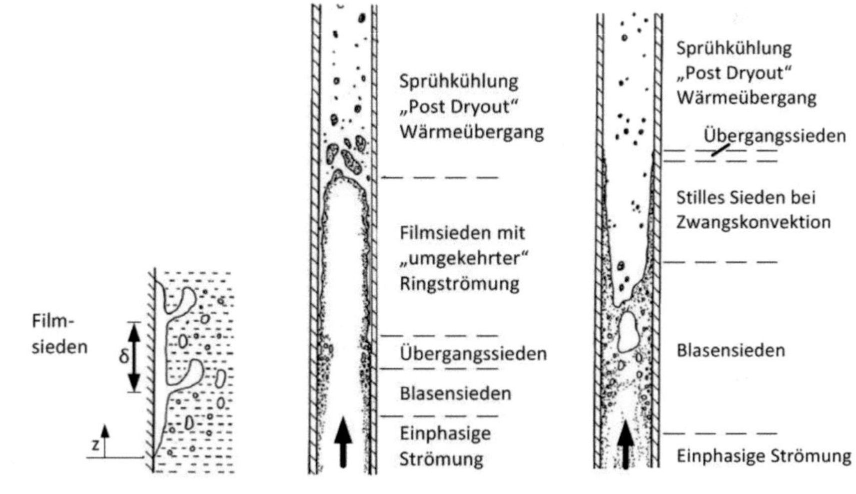

Abbildung 2.5: Filmsieden und Sprühkühlung, nach [28]

Liegen jedoch geringe Wärmeströme an, so kann die Flüssigkeit langsam verdampfen, ohne dass es zum Filmsieden kommt, jedoch nur so lange, wie noch ein Flüssigkeitsfilm an der Wand vorhanden ist. Reißt er ab, kommt es zum sogenannten Dryout (siehe Abbildung 2.5 c)).

Die kritische Wärmestromdichte legt den Übergang zwischen Film- und Sprühkühlung fest. Verändert sich der eingebrachte Wärmestrom auch nur gering, so kann es zu einer sprungartigen Änderung des Strömungsbildes und des Wärmeübergangskoeffizienten kommen. Zwischen diesen Zuständen kann ein sogenanntes „Übergangssieden" stattfinden. Dies ist anhand der Nukijama-Kurve darstellbar (siehe Abbildung 2.6). Wenn man die kritische Heizflächenbelastung überschreitet, geht die Wandtemperatur bei einer konstanten äußeren Heizlast, niedrigem Druck und freier Konvektion unmittelbar von A nach B über. In B spricht man – aufgrund der hohen Temperatur – vom Durchbrennen der Heizfläche (Burnout) [28].

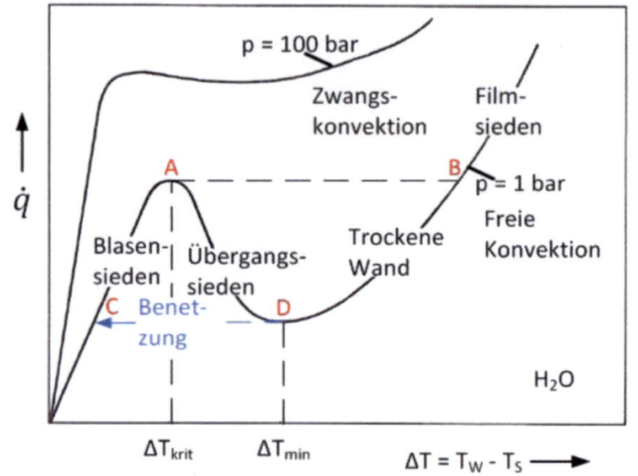

Abbildung 2.6: Nukijama-Kurve für Zwangskonvektion und freie Konvektion, nach [28]

Alle diese Betrachtungen beziehen sich auf horizontale oder vertikale Rohre, die eine definierte Richtung der Gas-Flüssigkeitsströmung besitzen. Die vorliegende Arbeit beschäftigt sich jedoch mit Strömungen, die aufgrund einer oszillierenden Bewegung der Rohrwand entstehen und somit keine eindeutig definierte Richtung besitzen. Dies macht die Vorhersage der unterschiedlichen Strömungsformen mit den derzeit zur Verfügung stehenden Berechnungsansätzen unmöglich.

Da die für den Wärme- und Stofftransport bei Gas-Flüssigkeitsgemischen zur Verfügung stehende Fläche veränderlich ist, sind die ausgetauschten Mengen abhängig von der Phasengrenzfläche, der Gleichgewichtsbedingung zwischen den Phasen und von den fluiddynamischen Verhältnissen in der Nähe der Phasengrenze [28]. In der Praxis wird meist auf empirische Formeln und Modelle des Wärme- und Stofftransports zurückgegriffen, da theoretische Überlegungen häufig von Einzelpartikeln in unendlich ausgedehnten Fluiden ausgehen und keinerlei Wechselwirkungen mit anderen Partikeln berücksichtigen. Dies macht einen Vergleich zu realen Strömungen kompliziert. Das Penetrationsmodell geht von Fluidballen aus, die dem turbulenten Bereich einer Strömung entspringen und die „laminare Grenzschicht an der Phasengrenze durchdringen" [28]. Mit der anderen Phase findet eine molekulare Diffusion statt, was einen instationären Stofftransport bedingt. Das Zweifilmmodell geht auf beiden Seiten der Phasengrenze von einer stationären Diffusion in der Grenzschicht aus [28].

In beiden Modellen wird angenommen, dass sich die Fluidelemente wie Festkörper verhalten und die Phasengrenzflächen beim Wärme- und Stofftransport unveränderlich sind. Da dies nicht der Realität entspricht, wurden Theorien entwickelt, die die Turbulenz an der Phasengrenze beschreiben. Hier wiederum kann in die Betrachtung der Turbulenz in der Nähe der Phasengrenze sowie unter Berücksichtigung von turbulenten Austauschkoeffizienten, also eine mikroskopische bzw. makroskopische Turbulenzbetrachtung, unterschieden werden. Auch diese Rechenmodelle gelten nur mit gewissen Einschränkungen, d.h. für regelmäßige Strömungen.

Die in diesem Abschnitt genannten Einflussgrößen sind teilweise stark miteinander verknüpft, was sich auf eine Berechnung der Strömung für unterschiedliche Betriebszustände negativ auswirkt. Es ist möglich, eine Mehrphasenströmung mit Wärmeeintrag näherungsweise zu berechnen. Für reine Phasen (überhitzter Dampf bzw. Wasser) wird der Wärmeübergangskoeffizient mit Hilfe der Nußelt-Zahl berechnet. Im Bereich unterkühlter Flüssigkeiten existieren empirische Gleichungen in Abhängigkeit von der eingebrachten Wärmestromdichte [17].

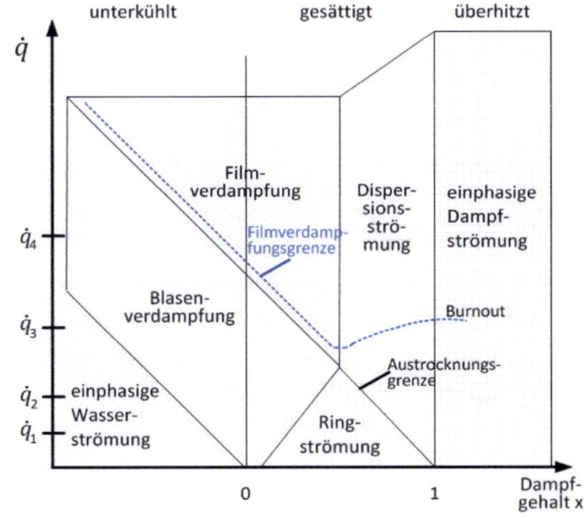

Abbildung 2.7: Wärmeübergangsverhältnisse bei Zweiphasenströmungen in niedrig- bis hochbeheizten Rohren nach [17]

Auch für gerichtete Strömungen von siedendem Wasser existieren Strömungsformkarten (siehe Abbildung 2.7), jedoch mit anderen Kennzahlen. Hier ist im Bereich der Blasenströmung zu erkennen, dass der Wärmeübergang gegenüber einer Einphasenströmung deutlich verbessert ist, da die Blasen für eine sehr gute Durchmischung sorgen. Bewegt man sich in der Region der Ringströmung, findet eine Verschlechterung des Wärmetransportes statt, da hier der Wärmetransport durch den Flüssigkeitsfilm an der Rohrinnenfläche erfolgt und anschließend die Flüssigkeit in die Kernströmung abdampft. In diesem Bereich wird daher eher mit Gleichungen für eine einphasige Strömung (evtl. unter Zuhilfenahme eines Korrekturfaktors) gerechnet [17].

Da im Fall der internen Kolbenstangenkühlung sowohl verschiedene grundlegende Strömungsformen der Mehrphasenströmung und eine nicht gerichtete Strömung als auch unterschiedlich hohe Wärmeeinträge zu erwarten sind, wird die Vorhersage der Strömung und die eindeutige Definition von Wärmeübergangskoeffizienten stark erschwert. Eine Berechnung auf rein theoretischer Basis scheint unmöglich. Als Grundlage für eine allgemein gültige empirische Berechnung wären spezielle messtechnische Untersuchungen mit einer großen Parameterzahl erforderlich, die im Rahmen der vorliegenden Arbeit nicht durchgeführt werden konnten. Im Folgenden werden deshalb Schritte in Richtung einer speziellen und praxisnahen Lösung beschrieben.

2.3 Ableitung und Validierung einfacher Modelle für die Vorgänge im oszillierenden Kühlraum

2.3.1 Tropfenmodell für die Zweiphasenströmung in Wandferne

Um ein erstes Bild der Strömung im oszillierenden Rohr zu erhalten, wurde ein einfaches Berechnungsmodell erstellt und die Visualisierung der Strömung im oszillierenden Rohr vorgenommen.

Beim Tropfenmodell wird vorausgesetzt, dass die flüssige Beladungsphase aus Tropfen unveränderlicher Größe besteht und sich das umgebende Gas in Ruhe befindet.
Abbildung 2.8 zeigt schematisch die Bahnkurven von Tropfen, die sich in der unteren Totlage an der unteren Stirnfläche des Rohres (blau) bzw. in der oberen Totlage an der oberen Stirnfläche des Rohres (grün) befinden. Sie liegen jeweils bis zum Richtungswechsel der Kolbenbeschleunigung an der Stirnfläche an und besitzen somit die Relativgeschwindigkeit Null. Danach bewegen Sie sich näherungsweise mit konstanter Geschwindigkeit weiter, werden allerdings infolge ihrer zunehmenden Relativbewegung zum Gas von der Reibungskraft gebremst.

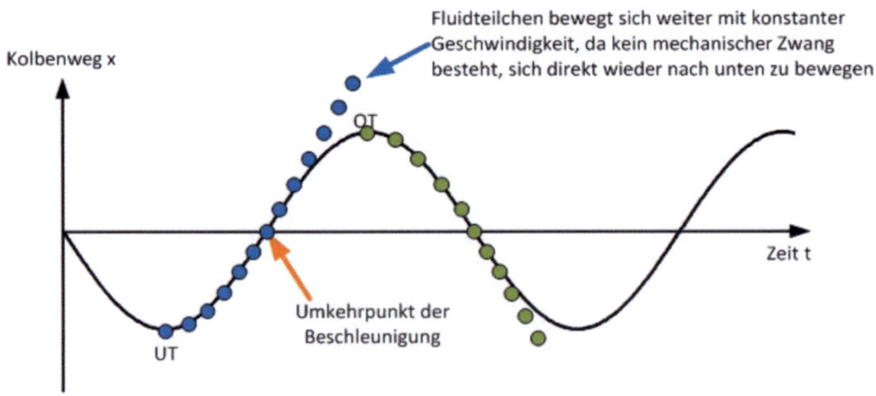

Abbildung 2.8: Prinzipielle Überlegung zur Tropfenbewegung im oszillierenden Rohr

Ziel des Tropfenmodells war es, die Relativgeschwindigkeit der Tropfen und ihren Raumanteil im Hohlraum als Funktion der Zeit und des Ortes zu bestimmen. Parameter der Berechnung waren die Drehzahl, der Tropfendurchmesser und der integrale Flüssigkeitsanteil.
In Abwandlung der von Kreuzfeld [19] verwendeten Theorie für zweidimensionale gasbeladene Flüssigkeitsströmungen in rotierenden Kreiselpumpen-Laufrädern werden bei der Modellbildung für die Strömung im oszillierenden Rohr folgende Annahmen getroffen:

- Die Strömung ist eindimensional und instationär.
- Die Relativströmung bezieht sich auf ein oszillierendes System.
- Die Relativgeschwindigkeit der gasförmigen Trägerströmung ist zu vernachlässigen.
- Die Wechselwirkung mit der Wand und zwischen den Tropfen ist vernachlässigbar.
- Verdampfung und Kondensation wird ausgeschlossen

Basierend auf der Massenbilanz für ein Volumenelement gemäß Abbildung 2.9 und 2.10 kann eine erste Berechnungsgleichung des Tropfenmodells abgeleitet werden.

Im Folgenden wird der Index „gesamt" für die Betrachtung des betrachteten Rohrvolumenabschnitts verwendet. Variablen ohne Index beziehen sich stets auf den Wasseranteil, der tropfenförmig angenommen wird.

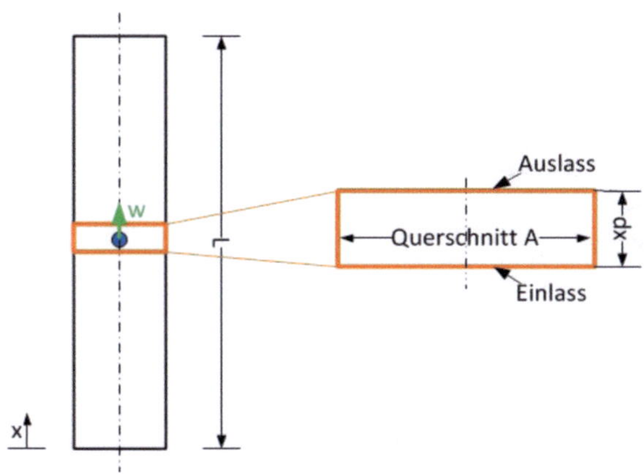

Abbildung 2.9: Massenbilanzierung Tropfenmodell

Der Volumenanteil ε der Tropfen im betrachteten Volumen ist

$$\varepsilon = \frac{V}{V_{gesamt}}. \tag{2.13}$$

Ausgehend von Gleichung (2.13) ergibt sich die Zeitabhängigkeit des Phasenanteils zu

$$\frac{\partial \varepsilon}{\partial \tau} = -\frac{\frac{\partial V}{\partial \tau}}{A \cdot dx}. \tag{2.14}$$

Die zeitliche Änderung des Flüssigkeitsvolumenstroms ist gleich der Differenz von ein- und austretendem Flüssigkeitsvolumenstrom, die nach Gleichung (2.15) berechnet werden kann:

$$\frac{\partial V}{\partial \tau} = \frac{\partial (A \cdot w \cdot \varepsilon)}{\partial x} \cdot dx \tag{2.15}$$

Durch das Einsetzen von Gleichung (2.15) in Gleichung (2.14) erhält man schließlich die erste Berechnungsgleichung für w und ε als Funktion von x und τ

$$\frac{\partial \varepsilon}{\partial \tau} = -\frac{\partial (w \cdot \varepsilon)}{\partial x} \tag{2.16}$$

Eine zweite Bestimmungsgleichung für den Phasenanteil ε und die Geschwindigkeit w kann aus der Kräftebilanz am Einzeltropfen abgeleitet werden.

$F_{T,S}$ ... Trägheitskraft durch die Bewegung des Systems
F_R ... Trägheitskraft des Tropfens durch Relativbewegung
F_W ... Widerstandskraft bei Bewegung durch das Gas

Abbildung 2.10: Impulsbilanz am Tropfen

Die aufgeführten Kräfte (siehe Abbildung 2.10), die auf jeden Tropfen wirken, lassen sich mit Hilfe folgender Gleichungen bestimmen:

$$F_{T,S} = m \cdot a_K = m \cdot [r \cdot \omega^2 \cdot (cos\varphi + \lambda_k \cdot \cos(2\varphi))] \tag{2.17}$$

$$F_R = m \cdot \frac{\partial w}{\partial \tau} \tag{2.18}$$

$$F_W = A \cdot c_W \cdot \rho_G \cdot \frac{w^2}{2} \tag{2.19}$$

Hierbei steht die Variable a_K für die Beschleunigung des Systems. Der Kurbelwinkel φ wird aus dem Produkt von Winkelgeschwindigkeit ω und der Zeit t gebildet.

In die Berechnung der Widerstandskraft des Tropfens bei der Bewegung durch das umgebende Gas gehen die Querschnittsfläche des – als kugelförmig angenommenen Tropfens – A_T, der Staudruck sowie der Widerstandsbeiwert c_W ein, für den unter Berücksichtigung der Wechselwirkung näherungsweise gilt [19]:

$$c_W = \frac{24 \cdot \nu_G}{w \cdot d} \cdot (1 - \varepsilon)^{-4,78} \tag{2.20}$$

Die Größen m und A beziehen sich auf den Einzeltropfen und ergeben sich nach Gleichung (2.21) und (2.22).

$$A = \frac{\pi}{4} \cdot d^2, \tag{2.21}$$

sowie

$$m = \rho \cdot V = \rho \cdot \frac{\pi \cdot d^3}{6}. \tag{2.22}$$

Damit ist es möglich, die Kräftebilanz wie folgt zu formulieren:

$$\sum F = F_{T,S} + F_R + F_W = 0. \tag{2.23}$$

Durch das Einsetzen von Gleichung (2.17) bis (2.22) in Gleichung (2.23) und Auflösen nach $\frac{\partial w}{\partial \tau}$ erhält man die zweite Berechnungsgleichung:

$$\frac{\partial w}{\partial \tau} = -r\omega^2 \cdot [\cos(\omega \cdot \tau) + \lambda \cdot \cos(2 \cdot \omega \cdot \tau)] - \frac{3 \cdot c_W \cdot \varphi_G \cdot w^2}{4 \cdot \varphi \cdot d} \tag{2.24}$$

Als Randbedingungen für Gleichung (2.24) gilt an den Stirnflächen des Hohlraums:

$$w \geq 0 \text{ bei } \mathrm{x} = 0 \tag{2.25}$$

$$w \leq 0 \text{ bei } \mathrm{x} = \mathrm{L} \tag{2.26}$$

Unter der Annahme nicht koagulierender kugelförmiger Tropfen gilt ferner die Grenzbedingung $\varepsilon < \frac{\pi}{6}$.

Zur Lösung des Differentialgleichungssystems wurde eine Diskretisierung für x und τ vorgenommen und für $\frac{\partial w}{\partial x}$ eine analytische Lösung im Schrittintervall verwendet.

Die Auswertung der zugeordneten Differenzengleichungen erfolgte mit einem VBA-Programm. Abbildung 2.11 zeigt exemplarisch die berechnete Verteilung des Flüssigkeitsanteils im Kolbenstangenhohlraum des in 3.2 beschriebenen Kleinverdichters mit einem Kurbelradius von 50 mm, und einer Pleuellänge von 200 mm. Das oszillierende Rohr wies eine Länge der Innenbohrung von 291 mm auf und wurde mit einer Drehzahl von 530 min^{-1} bewegt. Der Tropfendurchmesser wurde in dieser Rechnung mit 0,1 mm angenommen. Diagramm a) zeigt den Flüssigkeitsanteil ε als Funktion des Ortes im Kolbenrohr, wobei die linke Seite im Diagramm den Boden des Rohres und die rechte Seite die Oberkante des Rohres darstellt. Die jeweils farblich unterschiedlich dargestellten Kurven repräsentieren unterschiedliche Kurbelwinkelpositionen. Das rechte Diagramm b) in Abbildung 2.11 zeigt die Abhängigkeit des Phasenanteils vom Kurbelwinkel an drei unterschiedlichen Positionen im Rohr (unteres Ende, Mitte, oberes Ende).

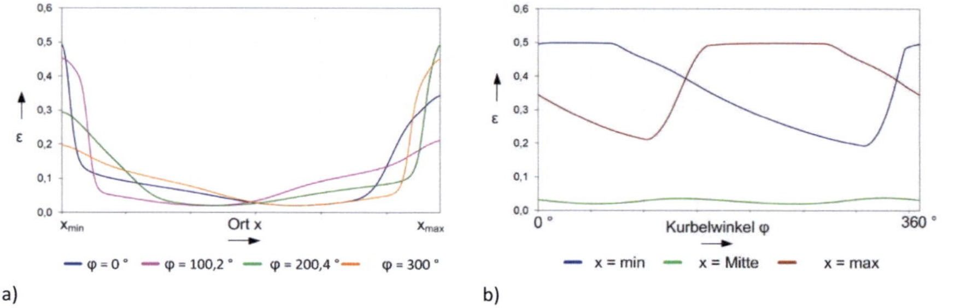

Abbildung 2.11: Ergebnisse des Tropfenmodells

Die Ergebnisse des Tropfenmodells ermöglichen in erster Linie qualitative Aussagen zum Verhalten der Flüssigkeit in Wandferne.

Bei hohem Flüssigkeitsanteil und größeren Tropfendurchmessern ergaben sich numerische Schwierigkeiten, die sich auch durch Anwendung von Glättungsmaßnahmen nicht beheben ließen.

2.3.2 Filmströmung an der Wand

Die Wechselwirkung der Tropfenströmung mit der Wand kann zu einer Filmströmung führen. In [23] werden empirische Kennzahl-Zusammenhänge für verschiedene Formen der Rieselfilm-Strömung an einer ruhenden ebenen Wand angegeben. Entscheidend ist dabei neben der Reynoldszahl

$$Re = \frac{\bar{c} \cdot \delta}{\nu} = \frac{\dot{V}}{b \cdot \nu} \tag{2.27}$$

die Kennzahl K_F, die außer der Erdbeschleunigung nur Stoffgrößen der herabströmenden Flüssigkeit enthält.

$$K_F = \frac{\sigma^3}{\nu^4 \cdot g \cdot \rho^3} \tag{2.28}$$

Dabei ist für $\dot{V}$ der Filmvolumenstrom und für b die Breite der Wand senkrecht zur Strömungsrichtung einzusetzen.

Für nicht laminare Strömungen können bei entsprechenden Reynoldszahlen glatte Filmoberflächen, sinusförmige Oberflächenwellen, schwallförmige Oberflächenwellen sowie Fallwülste auftreten. Im letzten Fall spricht man von einer turbulenten Strömung.

Zum Beispiel wird eine turbulente Strömung mit Fallwülsten erwartet, wenn $Re > 35 \cdot K_F^{0,1}$ ist.

Für das Medium Wasser bei t = 20 °C und mit einer maximalen Beschleunigung von a_{max} = 175 m/s² des in 2.3.3 untersuchten Rohres, die anstatt der Erdbeschleunigung eingesetzt wird, ist $K_F = 2{,}165 \cdot 10^9$.
Die Reynoldszahl müsste für das Auftreten von Fallwülsten demnach Re > 300 sein. Das wäre nach Gleichung (2.27) bei einem Volumenstrom von $1{,}89 \cdot 10^{-5}$ m³/s und nach Gleichung (2.29)

$$\delta = 0{,}53 \cdot \left(\frac{\dot{V}}{b}\right)^{1/2} \cdot \nu^{1/6} \cdot g^{-1/3} \tag{2.29}$$

bei einer Filmdicke von δ = 0,165 mm der Fall.

Diese Daten legen den Schluss nahe, dass an der Wand des oszillierenden Hohlraums eine turbulente Filmströmung mit Fallwülsten auftreten kann.

Entsprechende messtechnische Untersuchungen der Rieselfilmdicke werden derzeit mittels Hochgeschwindigkeitsthermographie [21] bzw. chromatischer konfokaler Abstandmesstechnik [4] bei gerichteten Strömungen durchgeführt.

2.3.3 Visualisierung der Zweiphasenströmung im oszillierenden Rohr

Zur qualitativen Validierung der aufgeführten Berechnungsansätze wurde eine Visualisierung der Strömung in einem teilweise mit Wasser gefüllten oszillierenden Rohr durchgeführt.
Mit einem Kurbeltriebwerk wurde ein an beiden Enden verschlossenes Plexiglasrohr mit einer Gesamtlänge von 200 mm und einem inneren Durchmesser von 20 mm in eine vertikal oszillierende Bewegung versetzt. Auf einen Wärmeeintrag, der zum Verdampfen bzw. Kondensieren der Flüssigkeit führen könnte, wurde dabei verzichtet.
In einem abgedunkelten Raum wurden mittels einer Highspeed-Kamera vom Typ Basler 1394 Hochgeschwindigkeitsaufnahmen erstellt, die anschließend für ein Particle-Tracking mit den Programmen *Streampix* [36] und *WINAnalyze* [31] verwendet wurden. So konnten bei unterschiedlichen Geschwindigkeiten und Füllmengen Bildserien erzeugt werden, die zur Veranschaulichung der Strömungsverhältnisse dienten.
Der Abbildung 2.12 sind Aufnahmen der Strömung bei einer 5%igen Füllung des Rohres mit Wasser zu entnehmen. In Bild a) ist der obere Bereich inklusive der Verschlussmuffe, in b) der mittlere und in c) der untere Bereich inklusive der Einschraubung im Kreuzkopf des Kurbeltriebwerks dargestellt.

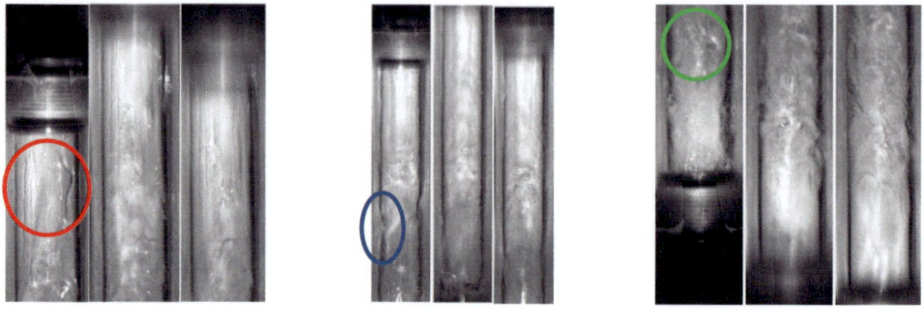

a) b) c)

Abbildung 2.12: Hochgeschwindigkeitsaufnahmen oszillierendes vertikales Plexiglasrohr mit 5 % Wasserfüllung (a) oben, b) mittig, c) unten)

Selbst bei einer Füllung mit nur 5 % Wasser ist aus den Einzelbildern sowie den zugehörigen Filmen eine intensive Durchmischung der Strömung erkennbar. Bei der Visualisierung stand keine Lichtschnitt-Einrichtung zur Verfügung, daher zeigen die Bilder vor allem eine Filmströmung, in der sich wahrscheinlich Fallwülste bilden (z.B. blaue Markierung Bild b).

Trotzdem war es mit dem Programm *WINAnalyze* möglich, einige der gefilmten Blasen über einen gewissen Zeitraum zu verfolgen. Abbildung 2.13 zeigt das Resultat dieses particle-trackings für sechs Blasen bei einer Wasserfüllung von 10 % und einer Hubfrequenz von 50 Hz. Im vorliegenden Beispiel wurde der untere Bereich des Rohres betrachtet, um als Bezugspunkt auch die Oberkante der Muffe im Bildfeld erkennen zu können.

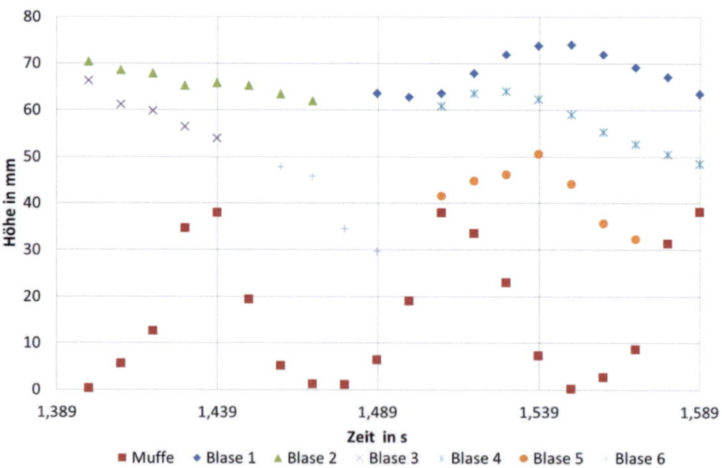

Abbildung 2.13: Particle-Tracking einzelner Blasen, 10 % Wasserfüllung, Plexiglasrohr

Anhand des Ort-Zeit-Zusammenhangs war es prinzipiell möglich, die Geschwindigkeit und Beschleunigung einzelner Blasen zu bestimmen. Da jedoch die Zeit sehr kurz ist, bevor eine Blase das Bildfeld wieder verlässt, ergaben sich keine verwertbaren Geschwindigkeits- und Beschleunigungsinformationen.

Eine Ursache für die unbefriedigenden Ergebnisse der durchgeführten Visualisierung waren die schlechten optischen Aufnahmebedingungen:

- mit Flüssigkeitsfilm benetzte, gekrümmte Wand
- Zusammenschluss einzelner Tropfen

Es wurden weiterhin Aufnahmen mit Grießpartikeln als Tracern durchgeführt, die aber auch zu keinen verwertbaren Ergebnissen führten. Leider war es im Rahmen der Arbeit nicht möglich, das dem Stand der Technik entsprechende Verfahren der Particle Image Velocimetry (PIV) anzuwenden [33].

Abschließend muss eingeschätzt werden, dass selbst bei einer quantitativen Auswertung der Strömungsstruktur und Fluidgeschwindigkeit nicht direkt auf den Wärmetransport durch Phasenumwandlung geschlossen werden kann.

2.3.4 Integrales Modell für den Wärmeübergang

Mit den bisher dargestellten rechnerischen und experimentellen Untersuchungen der Zweiphasenströmung im oszillierenden Rohr konnten nur qualitative Informationen bereitgestellt werden. Daher musste nach einem Weg gesucht werden, um den Wärmetransport bei der internen Kühlung der Kolbenstange mit einem einfachen Modell und unter Verwendung von Versuchsergebnissen abzuschätzen.

Als Grundlage dafür dienten folgende Modellannahmen:

1. Das oszillierende Rohr wird in eine warme und kalte Zone mit jeweils ortsunabhängigem Zustand unterteilt.
2. Bei einem stationären Betriebspunkt sind die zeitgemittelten Phasenanteile des Kühlmediums an jeder Stelle im Rohr konstant.
3. Handelt es sich um ein phasenwechselndes Kühlmedium, wird der Wärmetransport von der warmen zur kalten Zone des Rohres durch folgende Bilanzgleichung beschrieben:

$$\dot{Q} = \dot{m} \cdot (h'' - h') = \dot{m} \cdot r \tag{2.30}$$

4. Der Massenstrom in Gleichung (2.30) ergibt sich aus der je Hubspiel transportierten verdampften Masse von der warmen zur kalten Zone des Rohres. Diese ist – unter Voraussetzung 1. und 2. – gleich der kondensierten Masse, die von der kalten zur warmen Zone transportiert wird (siehe Abbildung 2.14).

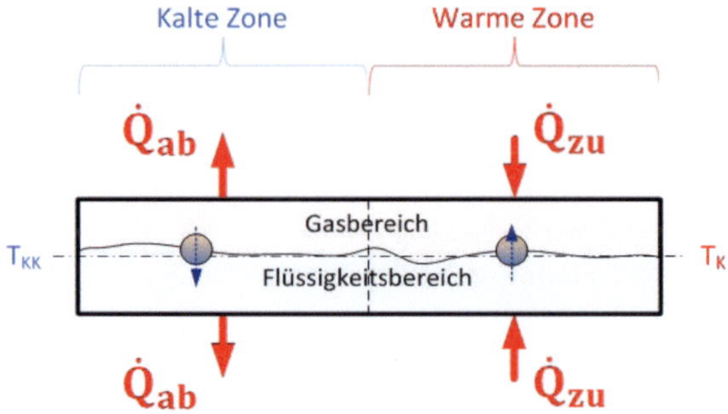

Abbildung 2.14: Prinzipskizze phasenwechselndes Medium im Kühlraum

5. Der Massenstrom kann über die Differenz der Dampfmasse in der warmen und kalten Zone multipliziert mit der Hubfrequenz des Rohres berechnet werden:

$$\dot{m} = \frac{m}{2} \cdot (x_{warm} - x_{kalt}) \cdot n \tag{2.31}$$

6. Die Bezugsmasse m ist die im Hohlraum vorhandene Masse des phasenwechselnden Kühlmediums.
7. Sind die relativen Dampfanteile im warmen und kalten Bereich des Rohres bekannt, sind – aufgrund konstanten Volumens – auch die zugeordneten Temperaturen definiert.
8. Unter diesen Annahmen kann der Wärmetransport durch das Rohr als Wärmeleitungsvorgang beschrieben werden, bei dem sich der Wärmeleitkoeffizient aus dem transportierten Wärmestrom, der Temperaturdifferenz und den Rohrabmessungen ergibt.

$$\lambda = \frac{\dot{Q} \cdot \frac{L_{Rohr}}{2}}{A_{Rohr} \cdot (T_{warm} - T_{kalt})} \tag{2.32}$$

9. Der vom Kühlmittel transportierte Wärmestrom ist theoretisch nicht bestimmbar. Er ist proportional zur Temperaturdifferenz zwischen Wand und Kühlmedium und dem zugehörigen Wärmeübergangskoeffizienten. Dabei stellt sich die mittlere Temperatur des Kühlmediums $\overline{T_{KM}}$ so ein, dass der vom Kühlmittel in der warmen Zone aufgenommene Wärmestrom gleich dem Wärmestrom ist, der in der kalten Zone vom Kühlmittel an die Wand abgegeben wird.

$$\dot{Q} = \dot{Q}_{zu} = \alpha_{zu} \cdot \left(T_{W,zu} - \bar{T}_{KM}\right) \cdot A_{zu} = \dot{Q}_{ab} = \alpha_{ab} \cdot (\bar{T}_{KM} - T_{W,ab}) \cdot A_{ab} \tag{2.33}$$

Vor der Anwendung der Gleichung müssen experimentelle Untersuchungen durchgeführt werden, die eine empirische Grundlage für die Abschätzung des Wärmeübergangskoeffizienten in der oszillierenden Kolbenstange bilden. Diesem Zweck dient die in Abschnitt 3.1 beschriebene Versuchsanlage.

2.4 Wahl des Kühlmediums und der Füllmenge

Für eine möglichst effektive Wirkung der internen Kühlung der Kolbenstange muss dem eingesetzten Kühlmedium besondere Beachtung geschenkt werden. Im Patent DE 10 2007 000 652 A1 [39] wird von einem Arbeitsmedium gesprochen, welches Phasenwechselvorgänge vollziehen kann, aber nicht muss.

Ein zweiphasiges Medium hat den entscheidenden Vorteil, dass es bei der Verflüssigung bzw. Verdampfung eine hohe massenspezifische Energie abgibt bzw. aufnimmt. Darauf beruht die in Abschnitt 1.2 beschriebene Funktion von Wärmerohren.

Die kritische Temperatur des Kühlmediums sollte über der maximalen Kolbenstangentemperatur liegen. Bei einer Vielzahl von Kältemitteln bedeutet dies auch eine sehr hohe Drucklage, was gewisse Sicherheitsrisiken birgt. Ein wichtiger Punkt bei der Auswahl des Kühlmediums ist die Verträglichkeit mit der Umgebung, sowohl lokal (gesundheitliche Faktoren für Menschen, die in der Peripherie der Kompressoranlage arbeiten) als auch global (GWP, ODP). Eine Auflistung thermodynamisch möglicher Kältemittel (T_{krit} > 140 °C) ist Anhang A1 zu entnehmen. Hier sind die wesentlichen Eigenschaften und die Gefahrenklasse (ADR-Klasse) dargestellt (nach [1] [24] [43] [44] [22]).

Man erkennt, dass diese Medien entweder brennbar, explosiv oder gesundheitsschädlich sind und daher für eine risikoarme Anwendung nicht in Frage kommen.

Da bei einer weitreichenden Planung, die über den Prototypenbau hinaus reicht, beachtet werden muss, dass das verwendete Medium für ein möglichst breites Einsatzgebiet geeignet sein muss, scheiden sämtliche brennbare bzw. explosive Medien und solche mit erhöhtem gesundheitlichen Risiko aus. Weiterhin muss beachtet werden, dass auch das zu verdichtende Gas – im Falle einer Undichtheit des Kühlraums – im Kompressor keinerlei Reaktion mit dem Kühlmedium eingehen darf.

Wenn der Hohlraum der Kolbenstange nach der Befüllung hinreichend dicht verschlossen wird, führt das Kühlmedium zwischen unterschiedlichen Betriebsbedingungen eine isochore Zustandsänderung aus.

Abbildung 2.15 zeigt die isochore Zustandsänderung bei drei unterschiedlichen Füllmengen im lgp-h-Diagramm für das Kältemittel R134a:

- Hellblau: geringe Füllmenge
- Hellgrün: mittlere Füllmenge
- Violett: hohe Füllmenge

Für die Berechnung der Stoffwerte in diesem Abschnitt wurde das Programm REFPROP verwendet [22].

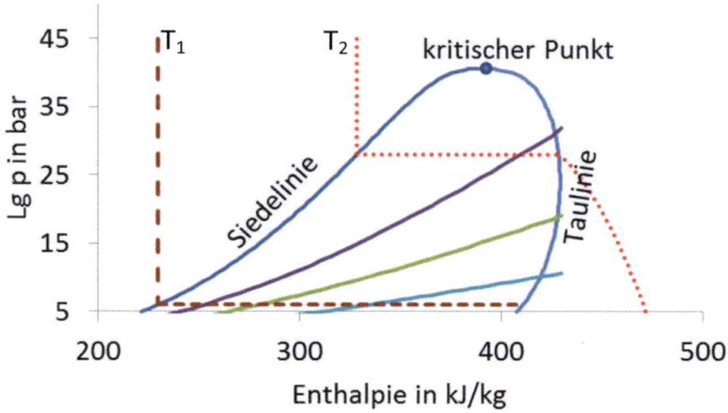

Abbildung 2.15: Zustandsänderung des Kältemittels R134a im lgp-h-Diagramm

In Abbildung 2.15 sind zwei Isothermen dargestellt. Hierbei repräsentiert die braune Horizontale die Temperatur beim Befüllvorgang T_1, die rote Kurve zeigt die Temperatur des Kühlmediums T_2 bei Betriebsbedingungen an.

Es ist darauf zu achten, dass in allen Betriebspunkten stets ein Flüssigkeitsanteil vorliegen muss, damit eine Verdampfung stattfinden kann. Liegt das Kühlmedium in Inneren des Kühlraums nur noch gasförmig vor, führt dies zu viel schlechteren Wärmetransporteigenschaften, als es bei Naßdampf der Fall ist. Eine Kühlung im Naßdampfgebiet bis zur Betriebstemperatur T_2 ist nur mit der großen Füllmenge möglich.

In anderen Bereichen der Thermodynamik werden Phasendiagramme (p-T-Diagramm) für Medienvergleiche verwendet. Die in Abbildung 2.16 gezeigten Dampfdruckkurven stellen die Abgrenzung zwischen gasförmigem (unterhalb der Kurve) und flüssigem (oberhalb der Kurve) Aggregatzustand dar. Ebenfalls für das Medium R134a zeigt Abbildung 2.16 den Verlauf bei denselben Füllmengen im p-T-Diagramm. Im unteren Temperaturbereich (nahe Umgebungstemperatur) sind die Phasengrenzen bei unterschiedlichen Füllmengen identisch. Wird die Temperatur erhöht, werden die Unterschiede zwischen den betrachteten Dichten (isochore Zustandsänderung) schnell deutlich: Sobald Temperatur und Druck so stark angestiegen sind, dass das Medium nicht mehr zweiphasig ist (Überschreitung der Taulinie ins Gasgebiet), nimmt der Anstieg der Kurven ab.

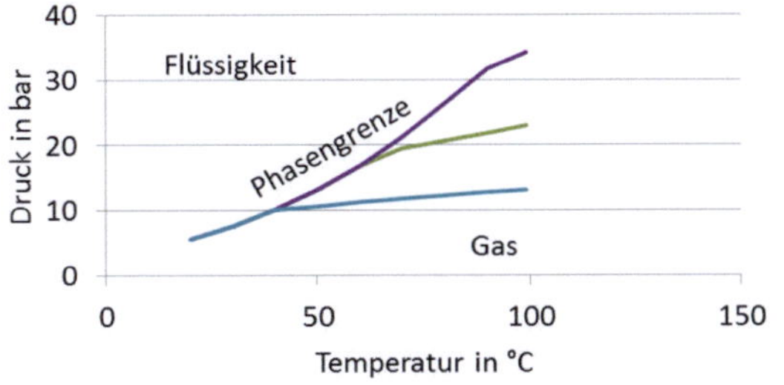

Abbildung 2.16: p-T-Diagramm von R134a mit Phasengrenze und drei Isochoren

Die in der Kälte- und Kryotechnik bevorzugt eingesetzten Kältemittel Butan (C_4H_{10}), Pentan (C_5H_{12}), R245ca, R365mfc, RC318, R227EA und R134a sind aus thermodynamischer Sicht für den Einsatz der internen Kühlung geeignet. Allerdings sind sie brennbar, schädlich für die Umwelt, kostenintensiv oder schlecht verfügbar und werden daher in den weiteren Betrachtungen nicht mehr behandelt.

Daher wurde neben diesen Kältemitteln auch das Medium Wasser näher betrachtet. Die Vorteile von Wasser liegen auf der Hand: Es ist weder giftig, brennbar noch entzündlich; praktisch jederzeit verfügbar, hat gegenüber Edelstählen eine geringe Korrosivität und ist chemisch stabil. Wasser besitzt außerdem eine hohe spezifische Wärmekapazität, sowie eine große Verdampfungswärme. Auch der kritische Punkt von Wasser bei einer Temperatur von t = 374,14 °C und einem Druck p = 220,89 bar passt sehr gut zu den geforderten Betriebsbedingungen. Bei ca. 100 °C Betriebstemperatur hat reines Wasser einen Dampfdruck von 1 bar, bei 160 °C von 6,2 bar [22]. Im Falle einer Leckage beim Stillstand der Maschine würde Luft aus der Umgebung in den Hohlraum eintreten. Bei Temperaturen über 100 °C im Hohlraum besteht Leckagegefahr nach außen. Da es sich bei Wasser um ein ungefährliches Medium handelt, sind diese Risiken als gering einzustufen. Auch eine schwindende Menge an Kühlmedium in der Kolbenstange würde bei entsprechender Überwachung der Packungstemperaturen schnell auffallen.
Damit ist Wasser ein Medium, dessen Einsatz als Kühlmedium für die interne Kühlung der Kolbenstange näher betrachtet werden sollte.

Für eine breite Anwendung der internen Kühlung ist vor allem die einfache Befüllung der hohlen Kolbenstange wichtig. Wenn man nur Wasser als Kühlmedium verwenden möchte, so ist der Anschluss eines Kältemittelventils zur Evakuierung und anschließenden Befüllung des Hohlraums erforderlich. Der Prozess des Evakuierens und Befüllens ist zwar in der Kältetechnik gängige Praxis, nicht aber in der Prozessgasindustrie. Um den Aufwand so gering wie möglich zu halten, wurde in Betracht gezogen, mit einem Wasser-Luft-Gemisch zu arbeiten. Dazu muss der Hohlraum vor dem Befüllen nicht evakuiert werden und die vorgesehene Wassermenge kann über eine verschließbare Bohrung eingefüllt werden.

Eine sinnvolle Wassermenge kann folgendermaßen bestimmt werden:
Bei Befüllung unter Umgebungsbedingungen liegt Zustand 1 vor (20 °C, 1 bar). Im Zustand 2 werden die Bedingungen im Hohlraum bei maximaler Betriebstemperatur betrachtet.
Zur Vereinfachung der Rechnung wird in Zustand 1 die Luft als trockene Luft betrachtet und in Zustand 2 als vollständig gesättigt. In beiden Fällen liegt das überschüssige Wasser als Kondensat vor. Da das Kolbenrohr dicht verschlossen ist, bleiben sowohl die Masse des enthaltenen Wassers, als auch die Masse der Luft konstant, ebenso wie das Gesamtvolumen. Aufgrund der höheren Temperatur im Zustand 2 ändern sich die Partialdrücke der Luft und des Wassers, und es kommt zu einer Dichteänderung der Komponenten. Basis der Berechnung bildet das Dalton'sche Gesetz.

Für Zustand 1 wird ein Füllvolumen des Wassers von 5 % des Gesamtvolumens angenommen und mit bekannter Dichte kann die einzufüllende Wassermasse berechnet werden. Aufgrund der ebenso bekannten Dichte der Luft bei Umgebungsbedingungen im Restvolumen ist die Masse der „trockenen" Luft zu ermitteln. Damit sind die Partialdrücke von Luft und Wasser bestimmbar.
Für Zustand 2 sind die Partialdrücke von Wasser und Luft bei einer angenommen Betriebstemperatur berechenbar. Die Masse des Kondensats im Zustand 2 muss allerdings iterativ bestimmt werden:

$$p_{gesamt,2} = p_{S,Wasser,2} + p_{Luft,2} \tag{2.34}$$

Der Partialdruck von Wasser ergibt sich aus der neuen Temperatur T_2 und dem Dampfgehalt $x = 1$. Da es sich im betrachteten Fall um moderate Temperatur- und Druckänderungen handelt, bei denen sich das Volumen des flüssigen Wassers kaum ändert, kann angenommen werden, dass die Dichte der Luft von Zustand 1 gleich der Dichte der Luft im Zustand 2 ist, jedoch die Temperatur von Zustand 2 vorliegt:

$$p_{Luft,2} = p(\rho_{Luft,1}, T_2) \tag{2.35}$$

Anschließend muss die absolute Feuchte der Luft im Zustand 2 gemäß Gleichung (2.36) berechnet werden.

$$x_2 = \frac{R_L}{R_W} \cdot \frac{p_{DS}}{p_{ges,2} - p_{DS}} \tag{2.36}$$

R_L und R_W sind die jeweiligen Gaskonstanten von Luft und Wasser, p_{DS} der Partialdruck von Wasser und $p_{ges,2}$ der Gesamtdruck innerhalb des Kolbenrohres im Zustand 2. Mit Hilfe der bekannten absoluten Feuchte der Luft kann die Masse an Wasser in der Luft im Zustand 2 berechnet werden über

$$m_{WL,2} = m_{trL,1} \cdot x_2. \tag{2.37}$$

Die Masse der trockenen Luft ist konstant. Da keinerlei Wasser zu- bzw. abgeführt wurde, ergibt sich die Masse des Kondensats aus der Differenz der Masse des eingefüllten Wassers von Zustand 1 und der Masse des Wassers, die im Zustand 2 in der Luft enthalten ist. Mit Hilfe der Dichte des Wassers bei verändertem Partialdruck und Temperatur kann somit auf das vom Kondensat eingenommene Volumen geschlossen werden. Damit wird das Volumen des Kondensats im Zustand 2 mit Hilfe der Dichte des Wassers im Zustand 2 und der Masse im Zustand 2 bestimmt. Aufgrund dieser Volumenänderung stellt sich ein neues Luftvolumen im Zustand 2 ein, welches aus der Differenz zwischen Gesamtvolumen und vom Kondensat eingenommenem Volumen bestimmt wird.

Abbildung 2.17 zeigt das Phasendiagramm eines Wasser-Luftgemisches mit einer Füllmenge von 5 % Wasser.

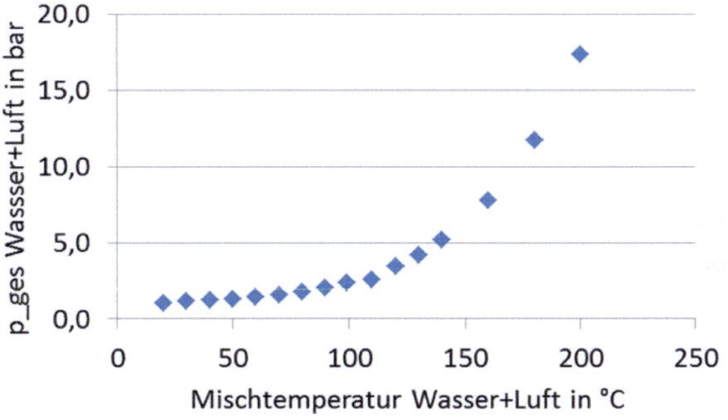

Abbildung 2.17: Phasendiagramm Wasser-Luft Gemisch, 5% Wasser

Der Druck innerhalb des Kolbenrohres beträgt bei 140 °C ca. 5,2 bar. Damit liegt er deutlich unterhalb der Druckniveaus, die von den oben genannten Kältemitteln erreicht werden. Da weiterhin bei Umgebungsdruck befüllt wird und die Anlage nie Temperaturen unterhalb von 20 °C ausgesetzt ist, ist das Risiko einer Leckage nach außen gering und ein Unterdruck ausgeschlossen. Damit erfüllt das Wasser-Luft-Gemisch alle genannten Anforderungen, die beim Einsatz der internen Kolbenstangenkühlung gestellt wurden. Welche Füllmenge optimal für unterschiedliche Betriebspunkte ist, wird im Rahmen der vorliegenden Arbeit nicht betrachtet. Es ist jedoch zu erwarten, dass der Einfluss der Füllmenge gering ist, solange bei Betriebstemperatur flüssiges Wasser vorhanden ist.

3 Experimentelle Untersuchungen

3.1 Untersuchungen an einem Kolbenstangenmodell

3.1.1 Konstruktion und Messtechnik

Die Kolbenstange eines realen Kompressors ist nur schwer für Messtechnik zugänglich. Zwar können Sensoren zur Messung der Drücke und Gas- bzw. Festkörpertemperaturen in das Packungsgehäuse eingebracht werden, aber die besonders interessierende Kolbenstangentemperatur ist aufgrund der oszillierenden Bewegung der Kolbenstange nur indirekt, d.h. berührungslos messbar [10]. Hier sind vor allem die Messung mittels Infrarotsensoren (Wärmebildkameras, Pyrometer) sowie die örtlich und zeitlich gemittelte Messung mit Hilfe von Thermoelementen, die nahe der Kolbenstange angebracht werden [37], zu nennen.

Problematisch ist weiterhin die Bestimmung des Wärmestroms, der infolge der Reibung an den Dichtelementen in die Kolbenstange eingebracht wird. Die Reibleistung ist abhängig von der – messbaren – anliegenden Druckdifferenz und dem Reibkoeffizienten μ, der bisher nur für spezielle Werkstoffpaarungen auf Tribometern bestimmt wurde. Ebenso wird die Auswirkung des Transferfilms bei trockenlaufenden Kompressoren auf den Reibkoeffizienten in der Literatur unterschiedlich beantwortet.

Daher boten sich experimentelle Untersuchungen an einem Modellprüfstand an, der im Folgenden Modellprüfstand „Alpha" genannt wird. Ziel der Untersuchungen war vor allem die Analyse des thermischen Verhaltens und Wärmetransports einer hohlgebohrten Kolbenstange, die nach dem Prinzip des Wärmerohrs intern gekühlt wird, um Aussagen über den Wärmeübergangskoeffizienten und die Temperatur im Inneren des Kühlraums zu erhalten.
Da in der Konzeptphase von Modellprüfstand „Alpha" bereits die Konstruktion des in Abschnitt 3.2.2 beschriebenen Versuchsverdichters vorlag, konnte ein geometrisch ähnlicher Hohlraum und ein thermisch ähnlicher Betrieb für Modellprüfstand „Alpha" vorgesehen werden. Weiterhin wurde definierte Wärmezufuhr bei möglichst geringer Wärmeabfuhr an die Umgebung angestrebt, woraus sich die nachstehenden konstruktiven Lösungsansätze ergaben:

- Wärmezufuhr durch elektrische Heizringe und exakte Einstellung der Heizleistung mittels Stelltransformator
- Anbringung einer hinreichenden Anzahl an Thermoelementen zur Erstellung eines möglichst detaillierten Temperaturprofils der Stange
- Anordnung von zwei Thermoelementen im oberen bzw. unteren Drittel des Hohlraums der Kolbenstange
- Verwendung einer „Energiekette" zur einfachen und sicheren Kabelführung zwischen der oszillierenden Kolbenstange und dem stationären Messsystem

- Gute thermische Isolierung der Kolbenstange und der Heizelemente zur Reduzierung der äußeren Wärmeabgabe
- Einsatz von Titan als Kolbenstangenwerkstoff zur Reduzierung der oszillierenden Massenkraft auf das verfügbare Triebwerk

Abbildung 3.1 zeigt ein Schnittbild des Modellprüfstandes. Die einzelnen Bestandteile werden im Folgenden näher erläutert.

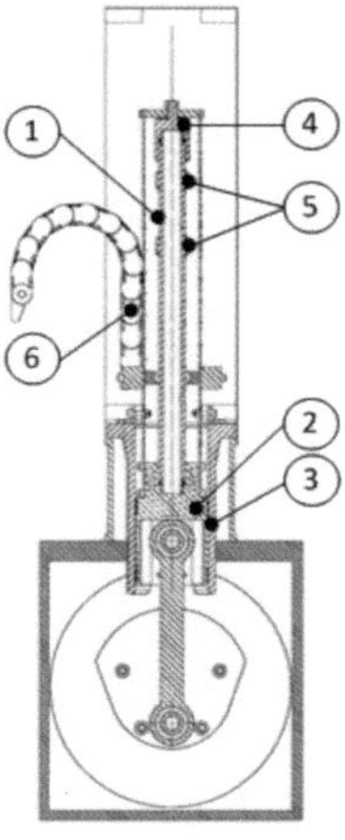

Abbildung 3.1: Schnittdarstellung Modellprüfstand „Alpha"

Der sich in einem Liner (Pos. 3, Abbildung 3.1) bewegende trockenlaufende Kreuzkopf (Pos. 2) wurde mit Kühlrippen versehen, um die Wärmeabfuhr auf dieses Bauteil zu konzentrieren. Die Auslegung der Kreuzkopfführungsringe erfolgte für eine maximale Drehzahl von 1000 min^{-1}. Im Hinblick auf die Kabelverbindung (Pos. 6) wurde der Versuchsstand aber nur mit maximal 600 min^{-1} betrieben. Der Hub des Triebwerks beträgt 100 mm. Das oszillierende Rohr (Pos. 1) hat einen Außendurchmesser von 35 mm, einen Innendurchmesser von knapp 24 mm und eine Länge von 500 mm. Es ist an seinem unteren Ende in den Kreuzkopf eingeschraubt, während das obere Ende durch eine Muffe mit integriertem Schraderventil verschlossen wird. Dieses Ventil ermöglicht sowohl eine Evakuierung des Hohlraums, als auch eine Befüllung mit verschiedenen Kühlmedien.

Zur Nachbildung der Wärmeeinträge in die Kolbenstange realer Kompressoren durch die Aufheizung des zu komprimierenden Gases sowie durch die Reibung der Kolbenringe und der Kolbenstangendichtelemente, wurden HBR-Düsenheizbänder der Fa. Horst verwendet (Pos. 5), die auf jeweils maximal 80 W Heizleistung begrenzt sind. Sie wurden ohne Luftspalt auf das Titanrohr montiert und axial mit Wellensicherungsringen fixiert. Im Bereich der Heizringe ist ein näherungsweise konstanter flächenspezifischer Wärmeeintrag in das Kolbenrohr zu erwarten (siehe Abbildung 3.2, grüne Kurve).

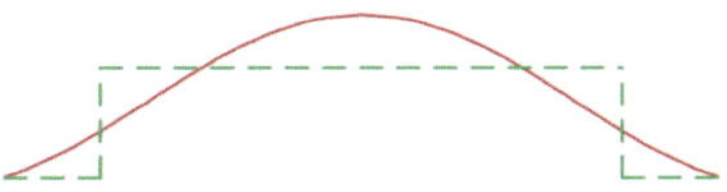

Abbildung 3.2: Profil Wärmeeintrag

Der reale Wärmeeintrag in eine Kolbenstange im Packungsbereich würde zwar eher der roten Kurve entsprechen, jedoch ist im vorliegenden Fall vor allem die Übereinstimmung der integralen Werte für die Modellähnlichkeit wichtig.

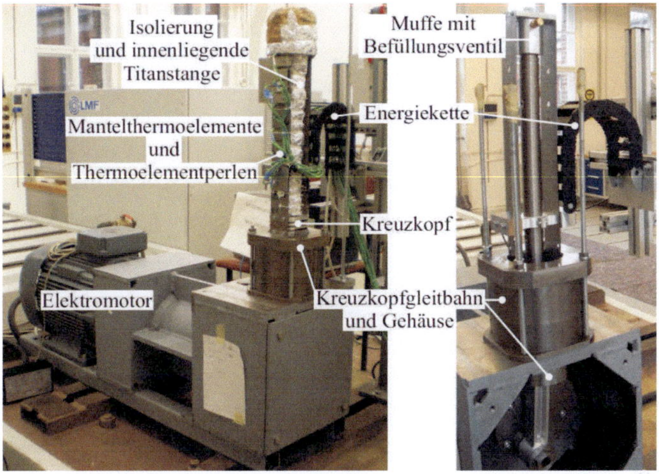

Abbildung 3.3: Messapparatur Modellprüfstand Alpha [18]

Anders als im realen Kompressor ist im Modellversuchsstand eine stationäre, berührende Temperaturmessung mittels Thermoelementen möglich.

Im Abstand von 30 mm wurden 14 Mantelthermoelemente Typ K (NiCr-Ni, Klasse 1) in einer Tiefe von 2 mm im Titanrohr befestigt (Thermoelement 1 befindet sich an oberster Stelle des Rohres). Zwei weitere Mantelthermoelemente wurden mittels Klemmverschraubungen in den Hohlraum des Rohres eingebracht (Zeichnung mit Messpositionen siehe Anhang A2). Damit können der Temperaturverlauf in der Wand und die Temperatur in der warmen und kalten Zone des Hohlraums hinreichend genau erfasst werden. Der komplette Versuchsaufbau ist Abbildung 3.3 zu entnehmen.

3.1.2 Versuchsergebnisse

Aufgrund der in Abschnitt 2.2.3 beschriebenen Überlegungen wurde das gesamte Messprogramm für die Füllung mit Luft und die Füllung mit Wasser-Luft-Gemisch realisiert.

Aus den Messungen mit Luftfüllung war es mit Hilfe einer numerischen Simulation des thermischen Zustandes möglich, den Wärmeübergangskoeffizienten zwischen der Isolation und der Umgebung zu bestimmen. Außerdem konnte – wegen der vernachlässigbaren Strömung im Hohlraum – angenommen werden, dass der Wärmetransport dort nur durch Wärmeleitung erfolgt.

Die so ermittelten äußeren Wärmeübergangskoeffizienten konnten als Randbedingung für die Berechnung des Wärmetransports im Inneren des Rohres bei Wasser-Luft-Füllung verwendet werden. Bei beiden Berechnungen dienten die gemessenen Temperaturen entlang der Rohrwand und an der Außenfläche der Isolierung zur Validierung sinnvoller Annahmen für den inneren Wärmetransport.

Die Messungen wurden bei den Drehzahlen n = 0, 200, 400, 600 min^{-1} und den Heizleistungen P_R = 8, 16, 25, 35, 50, 80 W durchgeführt. In allen Fällen wurde ein thermischer Beharrungszustand angestrebt.
Aufgrund der zum Abdichten des Rohrinneren verwendeten O-Ringe war die maximale Temperatur auf 150 °C beschränkt. Daher wurden den Heizringen Regler vorgeschaltet, die ein zeitweiliges Ausschalten des Heizringes bei erreichter Maximaltemperatur veranlassen, was im zeitlichen Mittel zu einer Reduzierung der Heizleistung des Ringes führt.

Der Einfluss der Drehzahl auf den äußeren Wärmeübergangskoeffizienten ist nicht vernachlässigbar, was in Abbildung 3.4 für das Beispiel von 16 W je Heizring (rot markierter Bereich) bei vier unterschiedlichen Drehzahlen deutlich erkennbar ist. Eine Messung im Stillstand war wegen der Überschreitung der zulässigen Temperatur im Heizring nicht möglich.

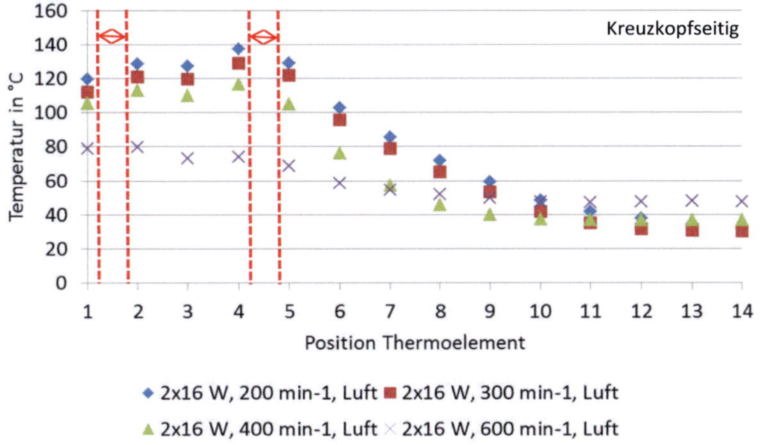

Abbildung 3.4: Luftfüllung, 2x 16 W Heizleistung und bei unterschiedlichen Geschwindigkeiten

Aus den nur geringen Temperaturdifferenzen bei Drehzahlen bis 400 min^{-1} folgt, dass die äußere Wärmeabfuhr bei kleineren Drehzahlen einen geringen Einfluss hat. Bei einer Drehzahl von 600 min^{-1} ist jedoch eine deutliche Kühlwirkung zu erkennen. Der dabei auftretende Anstieg der Temperatur im unteren Bereich (Thermoelemente 12 bis 14) ist darauf zurückzuführen, dass bei erhöhter Drehzahl auch die Reibleistung des Kreuzkopfes zu einem nicht vernachlässigbaren Wärmeeintrag führt.

Beim zweiten Teil der Untersuchungen war der Hohlraum des Rohres mit einem Wasser-Luft-Gemisch (5 % Wasser) gefüllt. Abbildung 3.5 zeigt die Temperaturverteilung in der Rohrwand bei Luftfüllung und bei Wasser-Luft-Gemisch-Füllung.

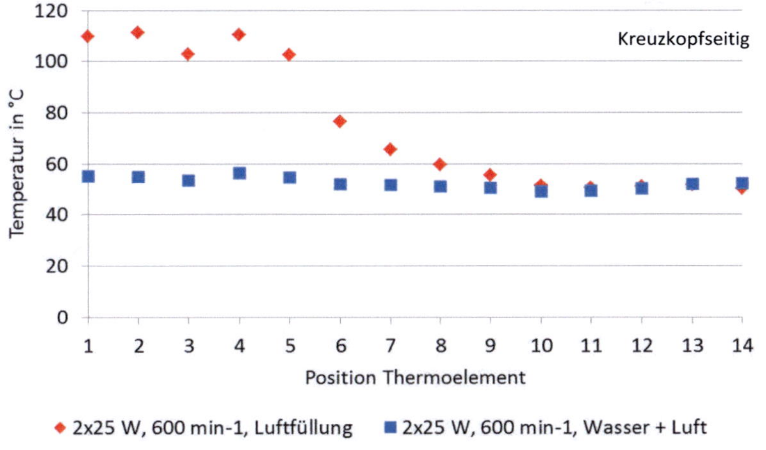

Abbildung 3.5: Luftfüllung und Wasser-Luft-Füllung, 2x25 W, 600 min^{-1}

Die höchsten Temperaturen werden im Fall des luftgefüllten, d.h. ungekühlten Rohres im Bereich der Heizringe erzielt, anschließend fällt die Temperatur gleichmäßig bis zum Kreuzkopf ab. Im Fall des gekühlten Rohres ist eine nahezu konstante Temperaurverteilung über die gesamte Länge des Kolbenrohres zu verzeichnen.

Abbildung 3.6 vergleicht die Messergebnisse am gekühlten Rohr bei gleicher Heizleistung und verschiedenen Drehzahlen.

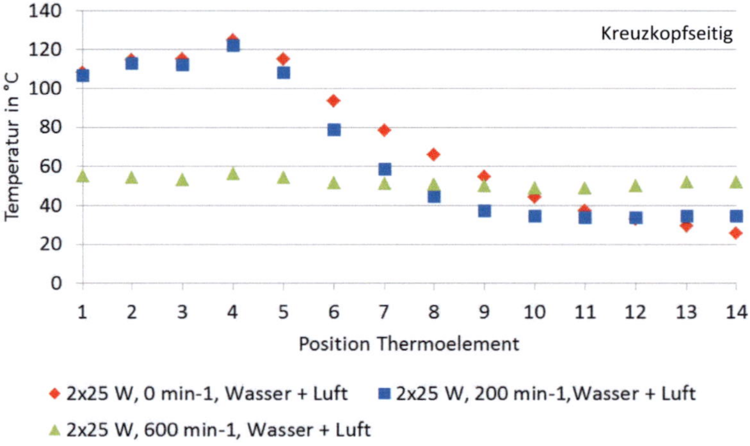

Abbildung 3.6: Vergleich Wasser-Luft-Füllung, 2x25 W, unterschiedliche Drehzahlen

Bei den Drehzahlen 0 und 200 min^{-1} ist kein Kühleffekt im Bereich erhöhter Temperaturen sichtbar. Die Annahme der guten Durchmischung im wandfernen Bereich des Hohlraums als Voraussetzung für den guten Wärmetransport in vertikaler Richtung gilt jedoch erst ab einem Mindestwert der mittleren Beschleunigung von $a_{mitt} > g$. Unterhalb dieser Mindestbeschleunigung liegt die Vermutung nahe, dass bereits eine gute Durchmischung im unteren Bereich des Hohlraums auftritt, der eine Kühlung hervorruft, weil hier nicht genügend Zeit besteht, die mischende Wirkung von $a_{max} > g$ auszugleichen. Erst bei höheren Drehzahlen wird der Effekt der inneren Kühlung über die gesamte Länge des Rohres wirksam.

Es muss erwähnt werden, dass es sich bei den Kurven von 0 min^{-1} und 200 min^{-1} nicht um die stationären Endwerte handelt, da hier Rücksicht auf die thermische Stabilität der O-Ringe genommen wurde. Damit liegt die Vermutung nahe, dass auch ein geringer Unterschied zwischen 0 min^{-1} und 200 min^{-1} im Bereich der Heizringe vorliegt. Eine Temperaturreduktion bei 200 min^{-1} ist dennoch im Bereich von Thermoelement 5 bis 9 zu erkennen. Es wird unterstellt, dass das Kühlmedium – aufgrund der zu geringen Beschleunigung – noch nicht bis zum oberen Ende des Rohres gelangt ist und damit keinen Kühleffekt im Bereich der Heizringe sondern nur im mittleren Bereich bewirkt. Ein

Teil der Reduktion der Temperatur im mittleren Teil kann aber auch auf die etwas größere äußere Konvektion zurückgeführt werden.

3.2 Voruntersuchungen an einem einfachwirkenden Verdichter

Zum ersten Nachweis der Funktion des Kühleffektes wurde ein einfachwirkender, einstufiger Verdichter der Fa. Mehrer untersucht. Abbildung 3.7 zeigt den Längsschnitt des Verdichters.

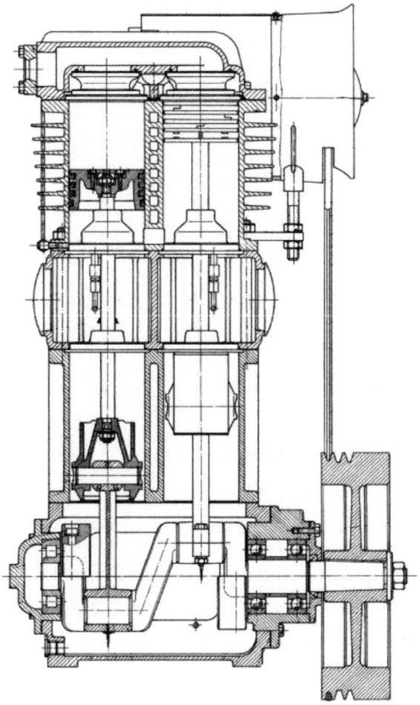

Abbildung 3.7: Einstufiger, einfachwirkender Verdichter, Fa. Mehrer [30]

Der Hub des Verdichters beträgt 100 mm, der Kolbendurchmesser 109 mm und der Außendurchmesser der Kolbenstange 20 mm. Obwohl der Verdichter einfachwirkend ist, wird eine Stopfbuchse (siehe Abbildung 3.8) zur Abdichtung gegenüber der Umgebung verwendet. Mit dieser Bauart kann vermieden werden, dass giftige oder explosive Förderstoffe in die Atmosphäre gelangen.

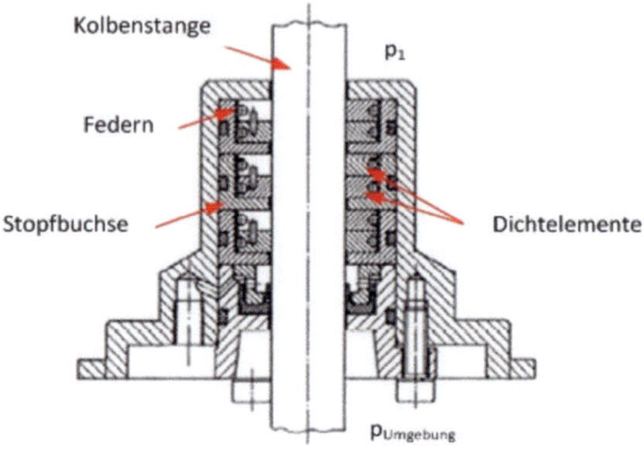

Abbildung 3.8: Packung einstufiger, einfachwirkender Verdichter, Fa. Mehrer [30]

Bei den Messungen wurde der Verdichter mit Luft bei konstanter Drehzahl und drei unterschiedlichen Druckverhältnissen betrieben. Dabei wurden die Temperaturen und Drücke der Arbeitsräume erfasst. Weiterhin wurden die Temperaturen des Stopfbuchsgehäuses mit Thermoelementen und die der Kolbenstange mit Hilfe eines Pyrometers (IMPAC IP 140) unterhalb des Packungsgehäuses bestimmt. Nach Abschluss der Messungen im Originalzustand wurde in einem Zylinder eine modifizierte Kolbenstange eingesetzt. Diese bestand aus dem gleichen Material und hatte die gleichen äußeren Abmessungen wie die originale Kolbenstange. Im Inneren wurde eine Bohrung mit einem Durchmesser von 10 mm eingebracht. Am unteren Ende wurde diese Kolbenstange mit einem Schraderventil verschlossen (siehe Abbildung 3.9), durch das sowohl eine Evakuierung als auch eine Befüllung des Hohlraums erfolgen konnten. Als Kühlmedium wurde n-Butan verwendet.

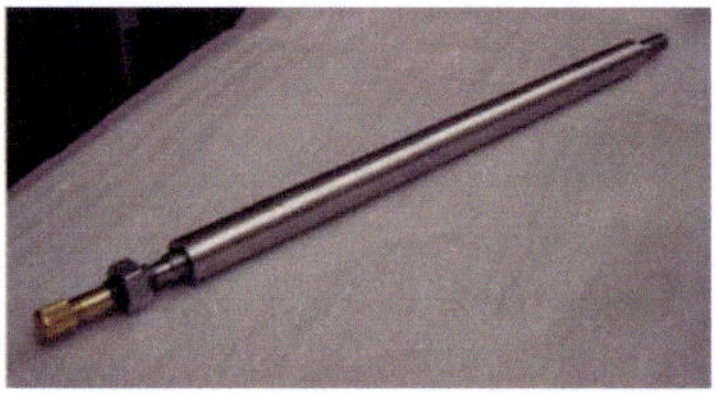

Abbildung 3.9: Modifizierte Kolbenstange

Es wurden Messungen mit innen-gekühlter Kolbenstange durchgeführt und anschließend mit den zugehörigen „Basismessungen" der originalen Kolbenstange verglichen. Als Beispiel für die genannten Messreihen werden in Abbildung 3.10 die mit dem Pyrometer gemessenen Temperaturverteilungen auf der Kolbenstange für den Betriebspunkt mit dem höchsten Temperaturniveau im gekühlten und ungekühlten Zustand miteinander verglichen (p_D = 7 bar, 610 min^{-1}).

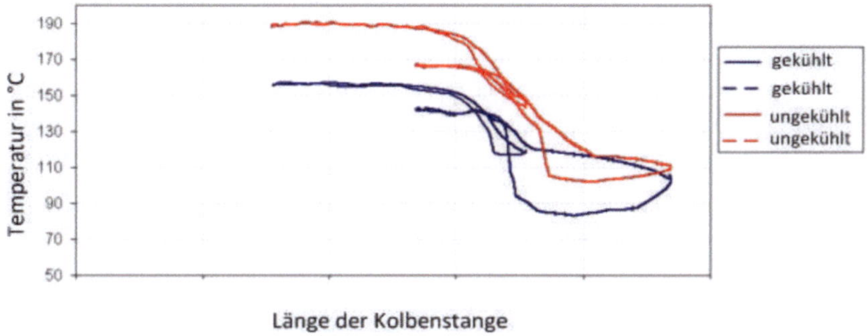

Abbildung 3.10: Temperaturmessung der Kolbenstange mit Pyrometer

Abbildung 3.10 zeigt eine Temperaturreduktion am „wärmsten" messbaren Punktes der Kolbenstange von 190 °C auf ca. 155 °C. Es wurden jeweils 2 Temperaturkurven im Zeitintervall einer Umdrehung aufgenommen: Für die erste lag der Messpunkt des Pyrometers direkt unterhalb des Packungsgehäuses, für die zweite 50 mm unterhalb des ersten Messpunktes.

Bei einem Hub von 100 mm kommt es in einem Intervall von 50 mm zu einer Überdeckung der beiden Messkurven. Würde es sich um ein stationäres Temperaturprofil und eine fehlerfreie Messung handeln, müsste sich eine kontinuierliche Kurve für beide Bewegungsrichtungen und Messpositionen ergeben.

Für die auftretenden Unterschiede sind folgende Erklärungsansätze möglich:

1. Die Auswertung und Übertragung der Daten des Pyrometers ist temperaturabhängig. Daher steigt der Messfehler des Pyrometers bei niedrigen Temperaturen.
2. Während ihrer Abwärtsbewegung kommt die Kolbenstange gerade aus der Reibungszone der Packung, bei der Aufwärtsbewegung ist die Kolbenstange infolge von Wärmeabgabe an die Umgebung kälter.

Abbildung 3.11 zeigt die in der Packung nach jedem Dichtring gemessenen Wandtemperaturen desselben Betriebspunktes wie Abbildung 3.10. Eine Messung der Gastemperatur war in den engen Spalträumen nicht möglich.

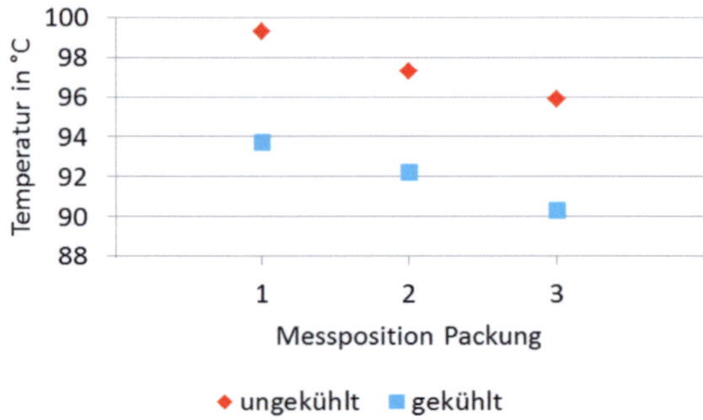

Abbildung 3.11: Temperaturen des Packungsgehäuses

Es ist zu erkennen, dass die Kühlung im Inneren der Kolbenstange ebenfalls einen Effekt auf die Temperaturen des Packungsgehäuses hat.

3.3 Hauptuntersuchungen an einem doppeltwirkenden Verdichter

3.3.1 Konstruktion und Messtechnik des Versuchsverdichters

Aufgrund der positiven Ergebnisse an dem kleinen einfachwirkenden Verdichter wurde eine zweite Projektphase gestartet. In der Industrie werden bevorzugt doppeltwirkende Prozessgaskompressoren eingesetzt, die eine stärkere Aufheizung der Kolbenstange durch deren Kontakt mit dem komprimierten Förderstoff aufweisen. Speziell für die Untersuchung der internen Kühlung der Kolbenstange wurde ein einstufiger Kompressor in Boxer-Bauweise vom Typ BS102 (siehe Abbildung 3.12) von der Leobersdorfer Maschinenfabrik (Österreich) [27] so konstruktiv verändert, dass eine große Anzahl an Messstellen und ein hohes Temperaturniveau möglich sind.

Abbildung 3.12 Versuchsverdichter, Leobersdorfer Maschinenfabrik

Der Verdichter kann in einem Drehzahlbereich von 750 bis 1500 min^{-1} betrieben werden. Das verdichtete Medium ist Luft, welches aus dem Aufstellraum angesaugt, auf maximal 5,5 bar verdichtet, rückgekühlt und wieder an diese Umgebung abgegeben wird.
Im Folgenden werden die für die vorliegende Arbeit wichtigsten Komponenten des Kompressors näher erläutert.

Baugruppe Kolben

Für die Abdichtung am Kolben (Pos. 1, Abbildung 3.13) zwischen dem deckel- und dem kurbelseitigen Arbeitsraum in jedem Zylinder wurden insgesamt 3 Kolbenringe (Pos. 2, Abbildung 3.13) vorgesehen.

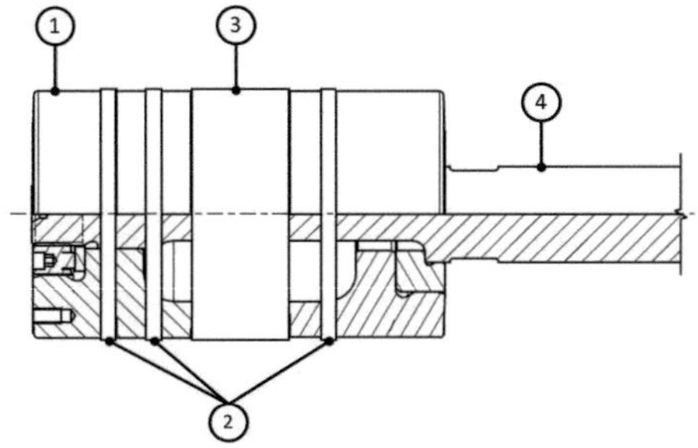

Abbildung 3:13: Kolben des Versuchsverdichters [27]

Da es sich bei dem Versuchsverdichter um eine horizontale Maschine handelt, ist neben den Abdichtelementen ein druckentlasteter Führungsring (Pos. 3, Abbildung 3.13) vorgesehen.
Sowohl die Kolbenringe als auch der Führungsring bestehen aus einem PTFE-Compound und wurden von der Fa. STASSKOL ausgelegt und zur Verfügung gestellt [37]. Bei dem Enddruck der Anlage sind drei Kolbenringe notwendig. Der Führungsring wird meist in der Mitte des Kolbens platziert. Deshalb müssen die Kolbenringe in diesem Fall unsymmetrisch angeordnet werden.

Baugruppe Kolbenstangendichtung

Die Kolbenstangendichtung des Versuchsverdichters wurde ebenfalls von Fa. STASSKOL entworfen und ist in Abbildung 3.14 dargestellt. Sie trennt den kurbelseitigen Arbeitsraum des Kompressors von der Umgebung. Im vorliegenden Fall geschieht dies über drei Dichtringe (Position 1, Abbildung 3.14). Im Neuzustand wird die anliegende Druckdifferenz fast ausschließlich über dem ersten Dichtring abgebaut. Bei fortschreitendem Verschleiß nimmt die Undichtheit des ersten Ringes zu und die anderen Ringe werden am Druckabbau beteiligt.

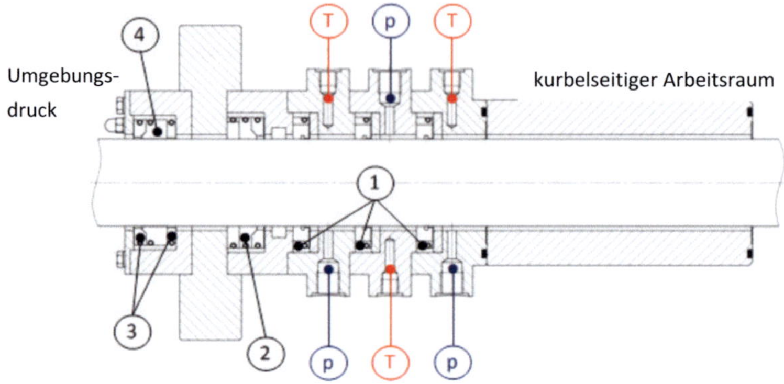

Abbildung 3.14: Kolbenstangendichtung des Versuchsverdichters [37]

Zusätzlich zu den Dichtringen wird ein sogenanntes Leckgas-Ring-Paket eingesetzt (Position 2, Abbildung 3.14). Dieses verhindert eine Leckageströmung in Richtung des Zwischenstücks und leitet das Gas in die Leckgasleitung ab. Da in diesem Fall die Leckgasleitung zur Atmosphäre hin geöffnet ist, wirkt auch über den Leckgasringen keine Druckdifferenz. Leckgasringe sind vor allem beim Einsatz vom giftigen oder brennbaren Gasen notwendig. Sie besitzen Spannfedern, die sie an die Kolbenstange pressen. Somit wird im vorliegenden Fall lediglich aufgrund der wirkenden Federkräfte eine geringe Reibleistung erzeugt.

Die Positionen 3 und 4 in Abbildung 3.14 stellen das Messring-Paket dar und gehören nicht zu einer Standard-Kolbenstangendichtung. Position 4 – der Messring selbst – besteht aus drei Messingsegmenten, welche zwei Temperaturfühler aufnehmen können (siehe Abbildung 3.15).

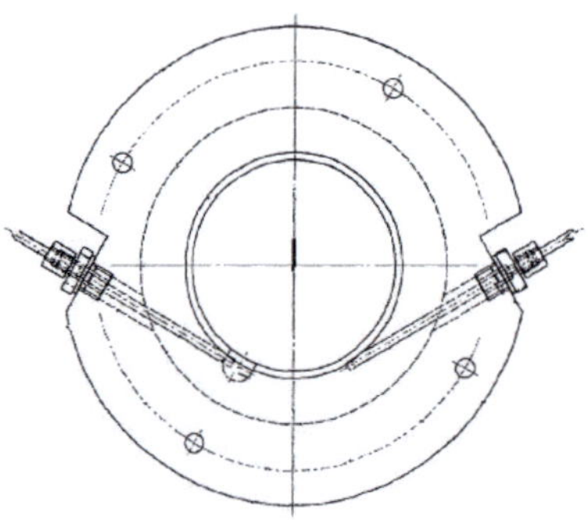

Abbildung 3.15: Messring mit Thermoelementen zur Kolbenstangentemperaturmessung [37]

Hierbei handelt es sich um ein patentiertes Messprinzip der Firma STASSKOL zur Bestimmung der Kolbenstangentemperatur [37]. Die Thermoelemente werden tangential in den Messring eingeführt. Eines misst die Temperatur knapp über der Kolbenstange, die durch Wärmeabstrahlung infolge Reibung erzeugt wird. Ein weiteres Thermoelement misst die Temperatur des Messringes. Aus der

Mittelung dieser Messwerte ergibt sich die mittlere Kolbenstangentemperatur im überstrichenen Bereich.

Sensorik des Versuchsverdichters

Abbildung 3.16 zeigt den halben Längsschnitt des Versuchsverdichters mit den wichtigsten Sensorpositionen. Eine instationäre Messung der Drücke in Saug- und Druckkammer sowie deckel- und kurbelseitigem Arbeitsraum ist möglich, ebenso wie die Bestimmung einer statisch gemessenen Referenzgastemperatur in diesen Räumen. Hierfür wurden Thermoelemente mittels Klemmverschraubungen in den Zylinder sowie in die Ventildeckel der Saug- und Druckkammer eingebracht.

Der Bereich der Packung ist für die vorliegende Arbeit der interessanteste Bereich. Die dort vorgesehenen Sensorpositionen für Druck- und Temperaturmessung sind Abbildung 3.14 zu entnehmen.

Da im späteren Verlauf der Arbeit ein Vergleich zwischen den Messdaten und einer Simulation des thermodynamischen Zustandes stattfinden soll, mussten so viele Daten wie möglich – auch außerhalb des am meisten interessierenden Packungsgebietes – gesammelt werden. So spielt die Bestimmung der Kreuzkopftemperatur eine wichtige Rolle, da sich hier die „Wärmesenke" des Kolbenrohres befindet. Aufgrund der Kreuzkopfbewegung ist jedoch nur eine Messung der Öltemperatur in der Nähe des Kreuzkopfes möglich.

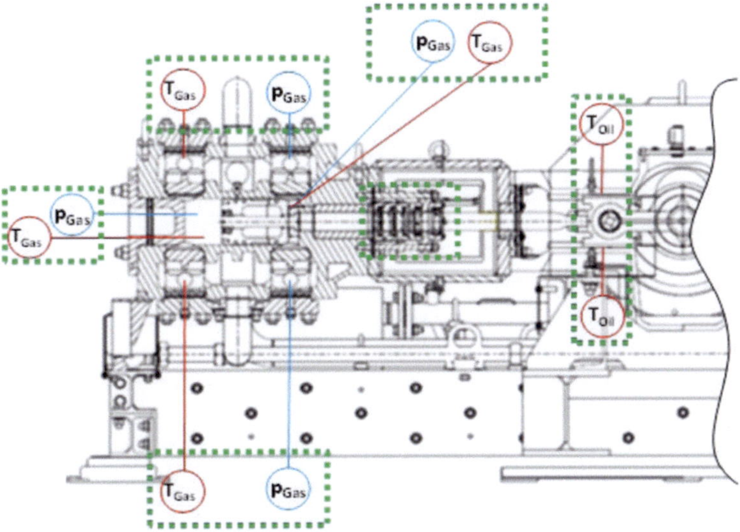

Abbildung 3.16: Längsschnitt des Verdichters mit Positionen der Sensoren [27]

Dafür wurde eine Bohrung etwa mittig in die Kreuzkopflaufbahn (sowohl oben als auch unten) eingefügt, durch die mittels Klemmverschraubung ein Thermoelement in ca. 1 mm Abstand zum Kreuzkopf montiert werden konnte. Aus der Mittelung dieser Werte ergibt sich ein Vergleichswert für die simulierte Kreuzkopftemperatur. Neben der Aufnahme des Totpunktes und des druckseitigen Förderstroms der Anlage, wurden die Volumenströme, Temperaturen und Drücke des Leckgases an beiden Zylindern bestimmt.

Konstruktion Kolbenrohr, Verwendung einzelner Komponenten

Um eine vergleichende Messung ermöglichen zu können, mussten möglichst viele Parameter der originalen Konstruktion und der Messbedingungen bei der gekühlten Version beibehalten werden. Im Folgenden werden die wichtigsten Gemeinsamkeiten und Unterschiede beider Messreihen aufgeführt.

Nachdem die Versuche mit der original im Kompressor eingebauten Kolbenstange abgeschlossen waren, wurden die Kolbenstange und der Kolben gezogen. Bei diesem Ausbau wurden die Packungsringe sowie die Kolben- und Führungsringe von der Herstellerfirma auf Verschleiß und Deformationen untersucht. Hierbei konnte festgestellt werden, dass sämtliche Ringe in einwandfreiem Zustand waren (siehe Abbildung 3.17).

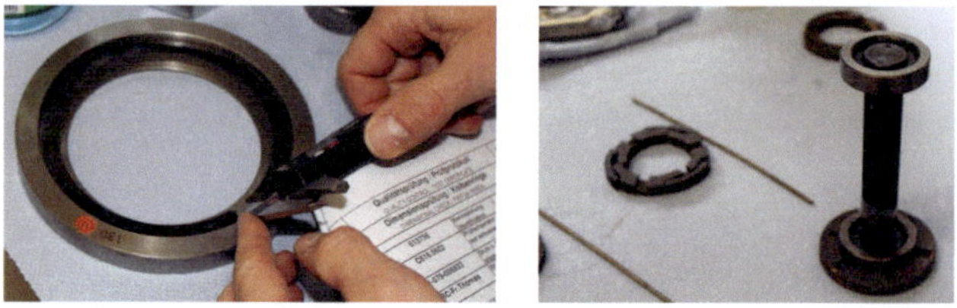

Abbildung 3.17: Prüfung des Zustandes vom Kolben- und Packungsringen

Deshalb wurde entschieden, dieselben Ringe für die Versuchsreihen der gekühlten Kolbenstange (Kolbenrohr) zu verwenden. Damit waren die gleichen Materialparameter der Dichtungselemente gegeben, und die weiteren Messungen konnten ohne allzu lange Einlaufzeit beginnen. Auch die Sensoren wurden im Packungs- und Zylindergehäuse belassen, so dass keine Anzugsmomente und Einbaupositionen verändert wurden. Damit sind die Änderungen der Messwerte nach dem Umbau im Wesentlichen nur auf die veränderte Kolbenstange zurückzuführen.

Nach dem Umbau ersetzen die „Kolbenrohre" in beiden Zylindern die Original-Kolbenstangen.

Diese sind hohlgebohrte Kolbenstangen aus derselben Materialcharge wie die originalen Kolbenstangen. Die Innenbohrung muss nach außen dicht sein, um einen Austritt des eingefüllten Kühlmediums in den Kompressionsraum bzw. ein Eindringen von Umgebungsluft auszuschließen. Des Weiteren muss die minimale Wandstärke beachtet werden. Wählt man eine zu dünne Wandstärke, so kann die Stange aufgrund der wirkenden Gas- und Massenkraft knicken. Wählt man die

Wandstärke zu dick, so vermindert sich die angestrebte Kühlwirkung des Kolbenrohres. Abbildung 3.19 zeigt die Geometrie des Kolbenrohres. Um eine Innenbohrung einbringen zu können, wurde die Kolbenstange in zwei Teilen gefertigt, die mittels Reibschweißen verbunden wurden.

Abbildung 3.19: Geometrie Kolbenrohr

Bei dem eingesetzten Material war eine Verbindung der beiden Teile durch „normales" Schweißen nur schwer möglich. Eine Schraubverbindung der beiden Teile wurde schon frühzeitig ausgeschlossen, da hier die Notwendigkeit der Abdichtung – im einfachsten Fall mit einem O-Ring – bestanden hätte. Bei den zu erwartenden Temperaturen musste auf diese Variante mit Rücksicht auf die thermische Stabilität des O-Ring-Materials verzichtet werden. Deshalb bot sich die Verbindung mittels Reibschweißen als beste Lösung an.

Die Position der Reibschweißstelle wurde so festgelegt, dass sie möglichst weit von dem Bereich entfernt ist, der von den Packungselementen überfahren wird, jedoch einen genügenden Abstand zu veränderten Querschnitten aufweist. Abgesehen von den Bohrungen und der Reibschweißung wurden sämtliche Fertigungsschritte mit der kooperierenden Kompressorfirma LMF abgesprochen und analog zu der originalen Kolbenstange durchgeführt. Einzelne Fertigungsschritte, wie z.B. das Nitrieren der Stange wurden sogar beim gleichen Anbieter durchgeführt, da dieser Fertigungsschritt stark von den Bedingungen und den Prozessen abhängt, die jedem Nitrierer eigen sind.

Die in Abbildung 3.19 dargestellte Bohrung zum Befüllen des Innenraums wurde für die durchgeführten Messungen mit einer eingedichteten Verschlussschraube abgeschlossen (siehe Abbildung 3.20).

Abbildung 3.20: Verschluss und Einbau der Kolbenrohre

Als Kühlmedium wurde eine Wasser-Luft-Mischung (5 % Wasser) verwendet. Dieser Wasseranteil hatte sich bereits bei den Messungen am Modellprüfstand „Alpha" bewährt.

Messabfolge

Während eines Versuchstages wurde eine Aufwärmzeit von mehreren Stunden eingehalten und darauf geachtet, dass der Kompressor einen stationären Zustand erreicht hat. Sowohl für die Messungen mit den Originalkolbenstangen, als auch für die gekühlte Variante wurde eine Einlaufzeit des Kompressors mit Fa. STASSKOL (Dichtungshersteller) abgesprochen [37]. Für jeden Betriebspunkt wurden drei Messungen durchgeführt, um die Reproduzierbarkeit der Ergebnisse zu belegen. Zu einer Messung gehörte die Bestimmung der Drücke in den zwei Arbeitsräumen, in der Saug- und Druckkammer, sowie vor jedem Dichtring der Packung an beiden Zylindern. Somit wurden insgesamt 14 instationäre Druckverläufe erfasst.

Die jeweiligen Ergebnisse sind in Abschnitt 3.2.3 bzw. 3.2.4 dargestellt. Die Abtastrate der Kulite-Miniaturdruckaufnehmer betrug 12,5 kHz. Diese Frequenz ergab sich aus der Summenabtastrate des Messsystems DaqLab. Zusätzlich zur Druckmessung wurde der obere Totpunkt bestimmt. Die Messung des ausströmenden Massenstromes und der Leckageströme sowie die Messung der Kolbenstangentemperatur mit Hilfe des IMPAC IP 140 Pyrometers unterhalb des Packungsgehäuses wurde im direkten Anschluss an die Druckmessung durchgeführt; auch dies geschah wieder mit der zusätzlichen Bestimmung des oberen Totpunktes. Daran anschließend wurden über mehrere Minuten hinweg die Gastemperatur in den Saug- und Druckkammern, Arbeitsräumen und den Ringkammern der Packung sowie die Wandtemperatur im Packungsgehäuse und am Kreuzkopf aufgenommen (Messstellen siehe Abbildung 3.14 und 3.16). Mit dem verwendeten Messsystem war ein gleichzeitiges Aufnehmen aller Werte nicht möglich, da aufgrund der unterschiedlichen Abtastraten für die Temperatur- und Drucksensoren verschiedene Messkarten eingesetzt werden mussten, die nicht zeitgleich abgefragt werden können.

Da die kompletten Messungen bei Beharrungszustand und innerhalb weniger Minuten ausgeführt wurden, können die nacheinander gemessenen Temperaturen und Drücke als einander zugehörig angesehen werden.

3.3.2 Messungen im Originalzustand

Die mit dem Dichtungshersteller abgesprochene Einlaufzeit des Kompressors wurde bei einer Drehzahl von 1200 min^{-1} und 2,5 bar Förderdruck absolviert. Daran anschließend wurden reproduzierbare Basismessungen an vier Betriebspunkten durchgeführt. Die Wahl dieser Betriebspunkte ergab sich aus folgenden Überlegungen:

- Aufgrund der Messergebnisse am Modellprüfstand „Alpha" erschien eine Untersuchung von mindestens zwei Drehzahlen und zwei Reibleistungen sinnvoll.
- Bei n = 800 min^{-1} tritt eine Resonanz der Anlage auf und die Maximaldrehzahl sollte aus Sicherheitsgründen nicht ausgenutzt werden. Daher wurden die Drehzahlen n = 1000 min^{-1} und n = 1300 min^{-1} gewählt.

- Da sich in der Einlaufphase zeigte, dass die Temperaturen über den erwarteten lagen, wurde auch beim Förderdruck nicht mit dem projektierten Maximalwert (p_D = 5 bar) gearbeitet. Eine ausreichende Druck- und damit auch Reibleistungsspreizung konnte mit den Förderdrücken p_D = 2,5 bar und p_D = 3,5 bar als gegeben angesehen werden.
- Für jeden Betriebspunkt wurde eine hinreichende Anzahl an Wiederholungsmessungen bei sicher gewählter Zeit zum Einstellen des Beharrungszustandes vorgesehen.
- Auch sollte vermieden werden, dass ein nennenswerter Verschleiß die Vergleichbarkeit der aufeinanderfolgenden Messungen gefährdet.

Damit ergaben sich die folgenden vier Betriebspunkte:

Tabelle 3.1: Betriebspunkte des Versuchsverdichters

Betriebspunkt 1	**Betriebspunkt 2**	**Betriebspunkt 3**	**Betriebspunkt 4**
n = 1000 min^{-1},	n = 1300 min^{-1},	n = 1000 min^{-1},	n = 1300 min^{-1},
p_D = 2,5 bar	p_D = 2,5 bar	p_D = 3,5 bar	p_D = 3,5 bar

Die folgende Abbildung zeigt als Beispiel die Druckverläufe für die Betriebspunkte 2 und 4.

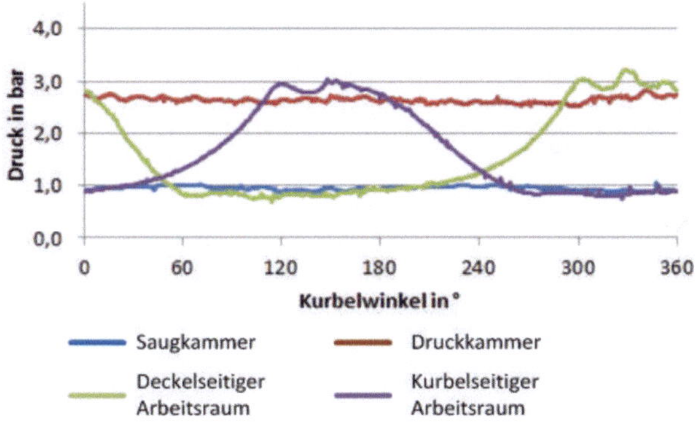

a) Druckverläufe Saugkammer, Druckkammer, Arbeitsräume bei Betriebspunkt 2, 1300 min^{-1}, 2,5 bar Förderdruck, Originalzustand

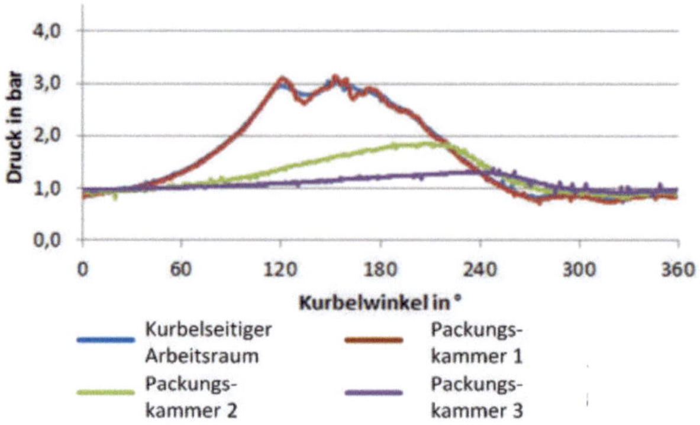

b) Druckverläufe im Packungsbereich bei Betriebspunkt 2, 1300 min^{-1}, 2,5 bar Förderdruck, Originalzustand

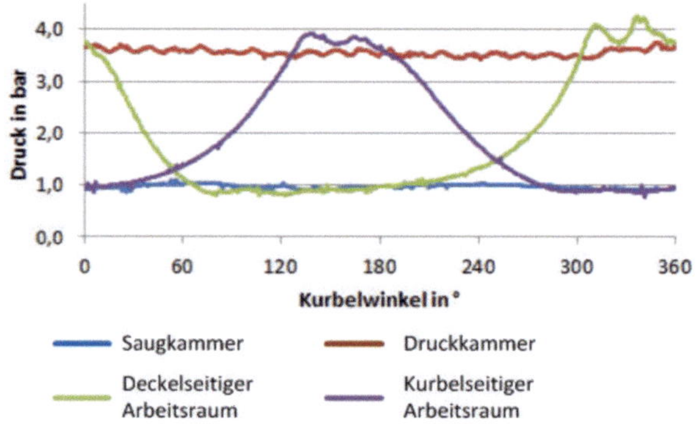

c) Druckverläufe Saugkammer, Druckkammer, Arbeitsräume bei Betriebspunkt 4, 1300 min^{-1}, 3,5 bar Förderdruck, Originalzustand

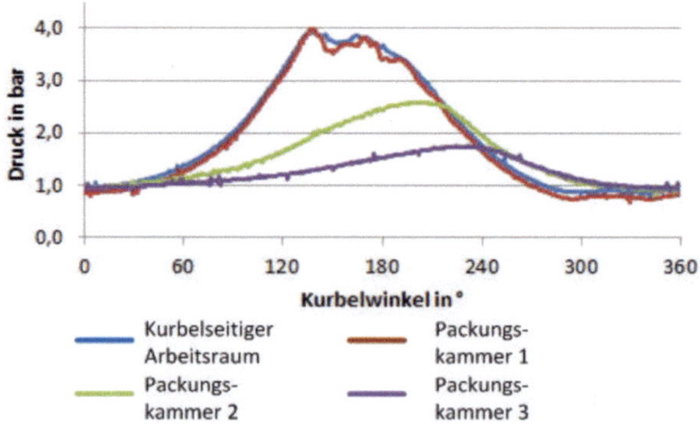

d) Druckverläufe im Packungsbereich bei Betriebspunkt 4, 1300 min^{-1}, 3,5 bar Förderdruck, Originalzustand

Abbildung 3.21: Druckverläufe Betriebspunkt 2 und 4, Originalzustand

Die abgebildeten Druckverläufe gelten für Zylinder 1. Für Zylinder 2 ist eine sehr gute Übereinstimmung festzustellen, weshalb keine gesonderte Darstellung erfolgt. Die Diagramme a) und c) zeigen die Druckverläufe des deckelseitigen Arbeitsraumes (grün), des kurbelseitigen Arbeitsraumes (violett), der Saugkammer (blau) und der Druckkammer (rot). Die Diagramme b) und d) stellen alle Drücke dar, die in direkter Verbindung zur Packung stehen: Noch einmal dargestellt der Druck im kurbelseitigen Arbeitsraum in blau, weiterhin der Druck *vor* dem ersten Dichtring der Packung (rot). Die Druckschwankungen vor dem ersten Dichtring werden darauf zurückgeführt, dass das Gas zwischen kurbelseitigem Arbeitsraum und Packung durch einen ca. 150 mm Ringspalt von 2,5 mm Weite geführt wird. Diese Gestaltung der Stangendurchführung wurde erforderlich, da der Durchmesser der Kolbenstange, der mit 50 mm größer als bei der Serienausführung (35 mm) gewählt wurde, so dass die Packung daher nicht mehr unmittelbar an den unteren Arbeitsraum angegliedert werden konnte. Die grüne Kurve der Diagramme b) und d) zeigt den Druck zwischen dem ersten und zweiten Dichtring, die violette Kurve den Druck zwischen dem zweiten und dritten Dichtring. Es wird deutlich sichtbar, dass bei höherem Förderdruck auch der Druck nach jedem Dichtring wächst. Neben den höheren Druckdifferenzen über den Ringen ist nach Aussage des Dichtungsherstellers infolge der höheren Temperatur auch eine Vergrößerung der Stoßspalte (durch thermische Ausdehnung) zu erwarten, was den gemessenen Anstieg der Leckage begründet [37].

3.3.3 Messungen bei Innenkühlung

Wie bereits in Abschnitt 3.2.2 erwähnt, wurde der Kompressor nach den Basismessungen mit dem Kolbenrohr bestückt, das mit einem Wasser-Luft-Gemisch gefüllt wurde. Nach der vereinbarten Einfahrzeit wurden dieselben Betriebspunkte angefahren, wie bei der Basismessung. Abbildung 3.22 zeigt wieder exemplarisch die Druckverläufe für die Betriebspunkte 2 und 4.

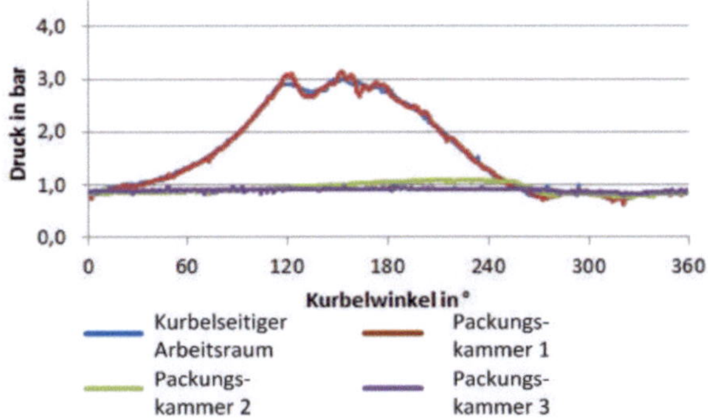

a) Druckverläufe im Packungsbereich bei Betriebspunkt 2, 1300 min^{-1}, 2,5 bar Förderdruck, Innenkühlung

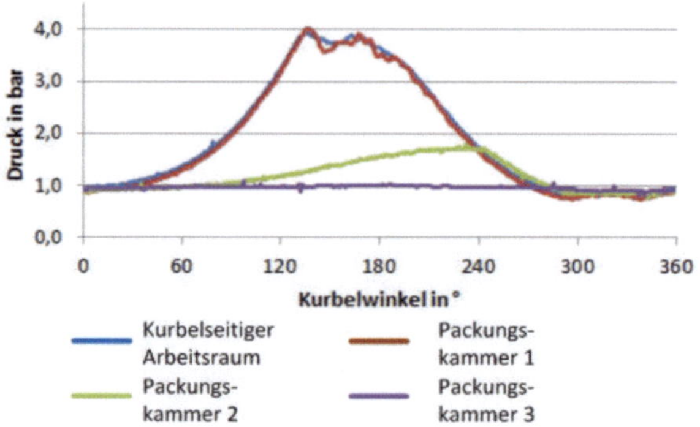

b) Druckverläufe im Packungsbereich bei Betriebspunkt 4, 1300 min^{-1}, 3,5 bar Förderdruck, Innenkühlung

Abbildung 3.22: Druckverläufe Betriebspunkt 2 und 4, gekühltes Kolbenrohr

Die Druckverläufe in den Arbeitsräumen und Ventilkammern gleichen denen im ungekühlten Fall und sind daher nicht extra dargestellt, können jedoch Anhang A4 entnommen werden. Die dargestellten Druckverläufe zwischen dem 1. und 2. sowie dem 2. und dem 3. Dichtring unterscheiden sich jedoch von denen im ungekühlten Fall. Nach dem ersten Dichtring (grüne Kurve) ist bei Betriebspunkt 2 nahezu kein Überdruck, bei Betriebspunkt 4 nur ein geringer Überdruck zu verzeichnen. Nach dem zweiten Dichtring der Packung entsteht eher ein Unterdruck. Auch das Manometer in der Leckgasabführung zeigte Unterdruck an, und es wurden bei allen Betriebspunkten keine Leckströme gemessen.

Als Ursache für das veränderte Packungsverhalten kann in erster Linie die durch die Kühlung verursachte Temperaturabsenkung im Packungsbereich angesehen werden, da bei der Umrüstung auf den gekühlten Betrieb nicht nur die gleichen Dichtelemente verwendet wurden, sondern auch vom Kompressorhersteller der Durchmesser und die Oberflächenrauhigkeit der hohlgebohrten Kolbenstange überprüft wurden. Deshalb ist anzunehmen, dass sich die Stoßspalte der Dichtringe bei der reduzierten Temperatur nicht so weit öffnen und sich daher eine höhere Dichtheit einstellt.

3.3.4 Einfluss der Kühlung auf die Temperaturverteilung im Packungsbereich

Die wichtigsten Erkenntnisse zum Kühleffekt lassen sich in vier Diagrammen zusammenfassen (siehe Abbildung 3.23). Diese vergleichen die Wandtemperaturen der Packungsringkammern vor jedem Dichtring PR1, PR2, PR3 und die Temperatur im Messring für die Messung der Kolbenstangentemperatur für den originalen Aufbau und die Variante mit interner Kühlung. Für diesen Vergleich wurden die Festkörpertemperaturen verwendet, weil die ebenfalls gemessenen Gastemperaturen manchmal von kurzzeitigen Änderungen des Leckstroms beeinflusst werden.

Aufgrund der in Abschnitt 3.2.4 gezeigten Druckverläufe könnte vermutet werden, dass die Packungstemperaturen nur wegen des fehlenden Leckgases so gering bleiben. Einer solchen

Vermutung steht entgegen, dass auch an der Messstelle PR1 *vor* dem ersten Dichtring der Packung eine geringere Temperatur angezeigt wird. Dies ist darauf zurückzuführen, dass der Hohlraum der Kolbenstange weit über den Bereich der Packung hinaus ragt. Die Kühlung wirkt also bereits auf das Gas, welches sich in der Stangendurchführung befindet.

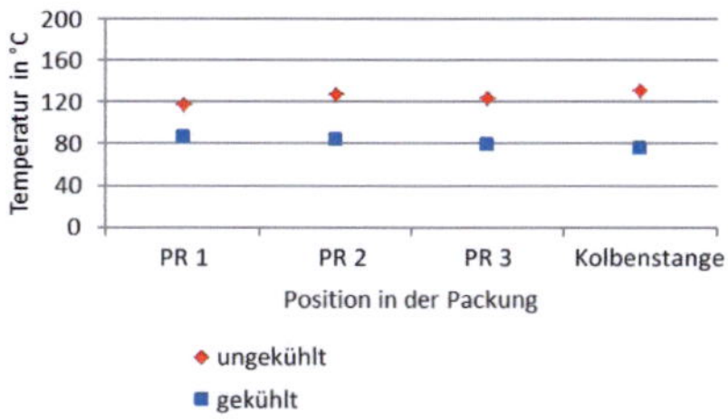

a) Betriebspunkt 1

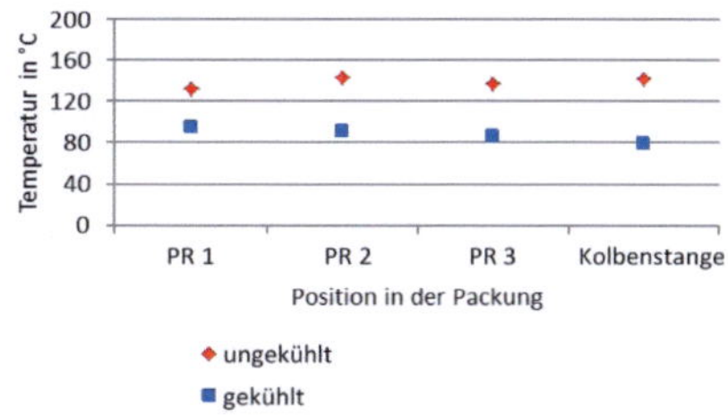

b) Betriebspunkt 2

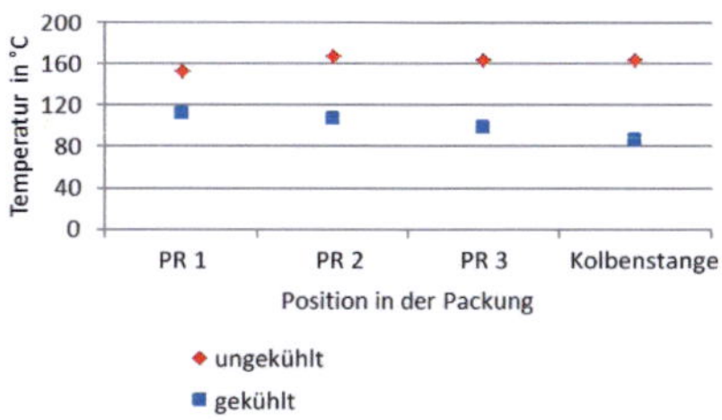

c) Betriebspunkt 3

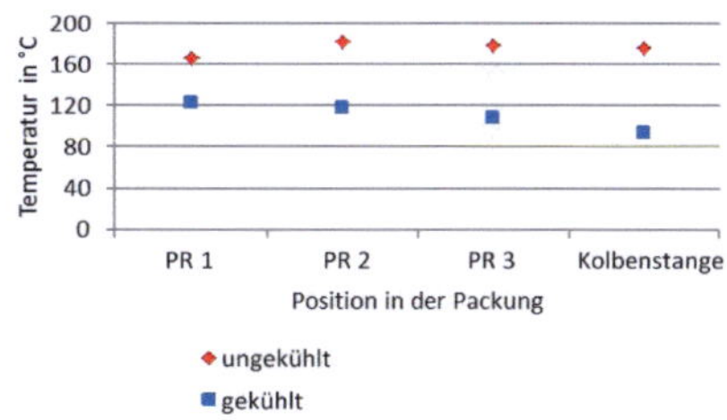

d) Betriebspunkt 4

Abbildung 3.23: Vergleich der Packungsringtemperaturen zwischen Original- und gekühlter Kolbenstange

Es ist deutlich zu erkennen, dass in jedem Betriebspunkt eine starke Reduzierung der Temperaturen in der Packung auftritt. Je höher die thermische Belastung, d.h. je höher die Drehzahl und das Druckverhältnis sind, desto größer ist der Kühleffekt. Die Temperaturabsenkung im Packungsgehäuse reicht von ca. 30 K bis hin zu ca. 80 K.

Im gekühlten Betrieb konnte das Pyrometer bei einer Messposition direkt unterhalb der Packung keine sinnvollen Werte liefern, weil das untere Ende des Messbereichs von 75 °C unterschritten wurde.

4 Berechnung der Temperatur im System Kolbenstange-Packung

4.1 Eindimensionale Berechnung

Die Grundlage zur Reduzierung der Kolbenstangentemperatur ist die Kenntnis über die Temperaturverteilung in der Kolbenstange. Aufgrund der Geometrie der Kolbenstange – geringer Durchmesser im Vergleich zur Länge der Kolbenstange – und der einfachen analytischen Lösbarkeit, werden vornehmlich eindimensionale Rechnungen durchgeführt. Auf diese Weise können keine radialen Gradienten betrachtet werden, jedoch sind damit die Zusammenhänge zwischen Kolben-, Kolbenstange-, Umgebungs- und Gastemperaturen in den Arbeitsräumen und Packungskammern sowie die Reibleistung einfach berechenbar. Bei Heinrichs [14], [15] wurde das System Kolbenstange-Kolbenstangendichtung unter zu Hilfenahme der folgenden Annahmen untersucht:

- Der Packungsbereich wird mit Hilfe der Labyrinth-Theorie berechnet.
- Der Kolben befindet sich in Mittelstellung in Ruhe.
- Eine stationäre Temperaturverteilung wird vorausgesetzt.
- Der radiale Temperaturgradient wird vernachlässigt.

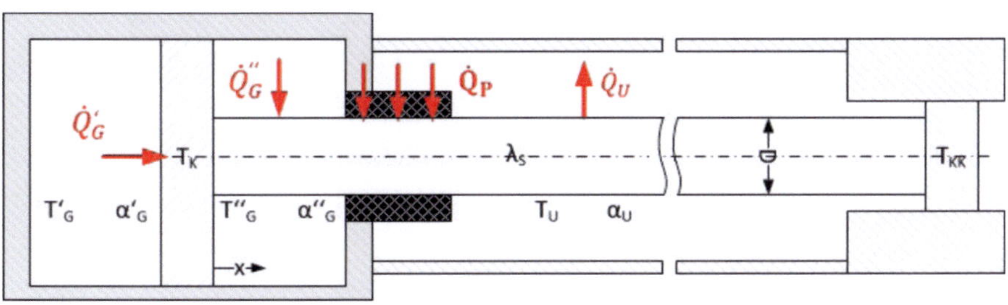

Abbildung 4.1: Schema der eindimensionalen Kolbenstangentemperaturberechnung nach Heinrichs [14]

Abbildung 4.1 zeigt ein vereinfachtes Modell zur eindimensionalen Berechnung der Kolbenstangentemperatur nach [14]. Die Dichtelemente der Packung liegen an der Kolbenstange an. Weil $T_{KK} << T_K$ ist, stellt sich ein Wärmestrom vom Kolben zum Kreuzkopf ein.

Bei doppeltwirkenden Kompressoren existiert ein kurbelseitiger Arbeitsraum zwischen dem Kolben und der Packung, in dem das Gas die mittleren Temperatur T''_G hat. Bei einfachwirkenden Kompressoren liegt hier kein Arbeitsraum vor, und das Gas hat eine geringere Temperatur als die des deckelseitigen Arbeitsraumes ($T''_G < T'_G$). In Abhängigkeit von der Temperaturdifferenz zwischen Gas und Kolbenstange stellt sich ein Wärmestrom $\dot{Q}''_G$ ein. Ferner wird infolge der Reibung zwischen der Kolbenstangendichtung und der Kolbenstange ein Wärmestrom $\dot{Q}_P$ in die Kolbenstange eingebracht. Bei trockenlaufenden Kompressoren befindet sich zwischen dem Zylinder und dem Kreuzkopfgehäuse das Zwischenstück, das häufig unter Umgebungsdruck steht und eine geringere

Temperatur als die Kolbenstange hat. In diesem Bereich ist eine Wärmeabgabe $\dot{Q}_U$ von der Kolbenstange an die Umgebung möglich.

Für die genannten Bereiche gelten folgende Berechnungsgleichungen [14]:

- Bereich 1: konvektiver Wärmestrom im kurbelseitigen Arbeitsraum

$$d\dot{Q}_{A1} = \alpha_G \cdot \pi \cdot D \cdot (T_G - T_1) \cdot dx_1 \tag{4.1}$$

- Bereich 2: Wärmeeintrag infolge Reibung der Packungsdichtelemente

$$d\dot{Q}_{A2} = \dot{q} \cdot \pi \cdot D \cdot dx_2 \tag{4.2}$$

- Bereich 3: konvektiver Wärmestrom an die Umgebung

$$d\dot{Q}_{A3} = -\alpha_U \cdot \pi \cdot D \cdot (T_3 - T_U) \cdot dx_3 \tag{4.3}$$

Für die Lösung der Gleichungen (4.1) bis (4.3) wird ein einzelnes Stangenelement bezüglich der existierenden Wärmeströme betrachtet (siehe Abbildung 4.2).

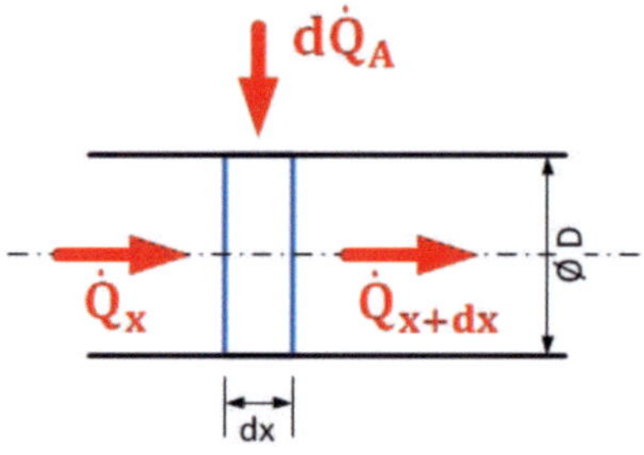

Abbildung 4.2: Bilanz Wärmeströme am Stangenelement, nach [14]

Daraus ergeben sich die folgenden Bilanzgleichungen:

$$\dot{Q}_x - \dot{Q}_{x+dx} + d\dot{Q}_A = 0 \tag{4.4}$$

$$\dot{Q}_x = -\lambda_S \cdot \frac{dT}{dx} \cdot \frac{\pi \cdot D^2}{4} \tag{4.5}$$

$$\dot{Q}_{x+dx} = -\lambda_S \cdot \frac{dT}{dx} \cdot \frac{\pi \cdot D^2}{4} - \lambda_S \cdot \frac{d^2T}{dx^2} \cdot \frac{\pi \cdot D^2}{4} \cdot \tag{4.6}$$

Nach Einsetzen der Gleichungen (4.4) bis (4.6) in die Gleichungen (4.1) bis (4.3) und Lösung der homogenen Differentialgleichungen erhält man für die drei Bereiche

$$(T_G - T_1) = C_{11} \cdot e^{\sqrt{a} \cdot x_1} + C_{12} \cdot e^{-\sqrt{a} \cdot x_1} \tag{4.7}$$

$$T_2 = C_{21} + C_{22} \cdot x_2 - \frac{2 \cdot \dot{q}}{D \cdot \lambda_S} \cdot x_2^2 \tag{4.8}$$

$$(T_3 - T_U) = C_{31} \cdot e^{\sqrt{d} \cdot x_1} + C_{32} \cdot e^{-\sqrt{d} \cdot x_1} \tag{4.9}$$

Mit den Parametern $\pm\sqrt{a} = \pm\sqrt{\frac{4 \cdot \alpha_G}{D \cdot \lambda_S}}$ und $\pm\sqrt{d} = \pm\sqrt{\frac{4 \cdot \alpha_U}{D \cdot \lambda_S}}$ [16].

Die Kolbenstangendichtung besteht aus mehreren Dichtelementen und wird mit den bisher angeführten Gleichungen noch nicht hinreichend abgebildet, weshalb eine Präzisierung der Gleichungen im Packungsbereich durchgeführt wurde [14]:

- Bereich i: Wärmeeintrag durch Reibung zwischen dem Dichtelement und der Kolbenstange
- Bereich j: konvektiver Wärmetransport zwischen den Dichtelementen

$$\frac{d^2 T_i}{dx_i^2} + \frac{4 \cdot \dot{q}_i}{D \cdot \lambda_S} = 0 \tag{4.10}$$

$$\frac{d^2 T_j}{dx_j^2} - \frac{4 \cdot \alpha_K}{D \cdot \lambda_S} \cdot (T_j - T_{Kaj}) = 0 \tag{4.11}$$

Analog zum vereinfachten Modell ergibt sich nach der Lösung der Differentialgleichungen für

Bereich i

$$T_i = C_{i1} + C_{i2} \cdot x_i - \frac{2 \cdot \dot{q}_i}{D \cdot \lambda_S} \cdot x_i^2 \tag{4.12}$$

und Bereich j

$$T_j = C_{j1} \cdot e^{\sqrt{f} \cdot x_j} + C_{j2} \cdot e^{-\sqrt{f} \cdot x_j} + T_{Kaj} \tag{4.13}$$

unter Berücksichtigung von $\pm\sqrt{f} = \pm\sqrt{\frac{4 \cdot \alpha_K}{D \cdot \lambda_S}}$, [16].

Die Wärmestromdichte wird definiert über

$$\dot{q} = -\frac{1}{L_i \cdot \pi \cdot D} \cdot \left(\dot{W}_{Reib} - \dot{Q}_K\right), \tag{4.14}$$

wobei die Reibleistung $\dot{W}_{Reib}$, der abgeführte Kühlwärmestrom $\dot{Q}_K$ und die Dichtfläche $(L_i \cdot \pi \cdot D)$ in Beziehung zueinander gesetzt werden. Die Integrationskonstanten C der einzelnen Berechnungsgleichungen werden über die Abhängigkeiten der einzelnen Teilgebiete in und um die Packung ermittelt.

Basierend auf den beschriebenen Gleichungen ist eine 1D-Berechnung der Kolbenstangentemperatur möglich. Im Rahmen eines Großen Beleges am Lehrstuhl für Kälte- und Kryotechnik der TU Dresden wurde für eine 3-Ring-Dichtung eine eindimensionale Berechnung nach dem Modell von Heinrichs durchgeführt und der Einfluss der Kolben- und Prozessgastemperatur auf die Kolbenstangentemperatur untersucht [16].

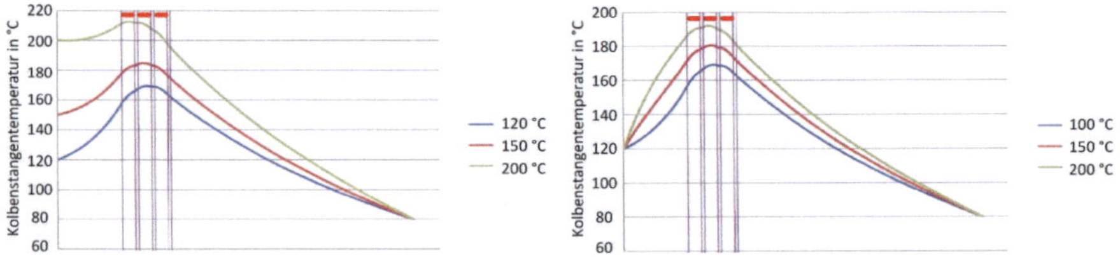

a) Variation Kolben- und Prozessgastemperatur b) Variation Prozessgastemperatur

Abbildung 4.3: Parameterstudie vereinfachtes Labyrinth-Modell nach Heinrichs, nach [16]

Als Beispiel zeigt Abbildung 4.3 den Temperaturverlauf der Kolbenstange. Auf der jeweils linken Seite im Diagramm ist der Kolben und auf der rechten Seite der Kreuzkopf einzuordnen. Rot markiert sind die Bereiche, in denen ein Wärmestrom in Richtung Kolbenstange infolge Reibung zwischen den Dichtelementen (in diesem Fall drei Dichtringe) und der Kolbenstange vorliegt. Zwischen den einzelnen Dichtringen befindet sich Gas, welches für den Wärmeaustausch mit der Kolbenstange zur Verfügung steht. Die Richtung des Wärmestroms hängt in diesen Bereichen von der Temperaturdifferenz zwischen Kolbenstange und umgebendem Gas ab. In Abbildung 4.3 a) wurde die Kolbentemperatur zwischen 120 °C und 150 °C variiert, sowie eine Gastemperatur im kurbelseitigen Arbeitsraum 20 K unterhalb der angesetzten Kolbentemperatur angenommen. Abbildung 4.3 b) zeigt nur eine Variation der Prozessgastemperatur. In beiden Fällen wurden die Reibleistungen der einzelnen Dichtelemente, die Kreuzkopftemperatur sowie die Bedingungen in der Umgebung konstant gehalten.

Eine höhere Gastemperatur direkt oberhalb der Packung – vor allem in Verbindung mit einer erhöhten Kolbentemperatur – führt zu einem signifikanten Anstieg der Kolbenstangentemperatur.

Weiterhin wurde der Einfluss einer internen Kühlung – unter der Annahme einer konstanten Temperatur des Kühlmediums und einem konstanten Wärmeübergangskoeffizienten im Hohlraum der Kolbenstange – mit Hilfe des eindimensionalen Modells untersucht [16].
Abbildung 4.4 zeigt, dass eine deutliche Reduzierung der Kolbenstangentemperatur eintritt, wo $T_{Stange} > T_{Kühlmedium}$ ist. Im dargestellten Beispiel wurden die äußeren Randbedingungen beibehalten. Die Erhöhung der Temperatur im rechten Bereich (unterhalb der KSD) ist mit der Wärmeabgabe vom Kühlmedium an die Kolbenstange bei $T_{Kühlmedium} > T_{Stange}$ erklärbar. Die Umgebungs- und die Kreuzkopftemperatur wurden konstant angenommen. Damit muss sich die Kolbenstange zwischen Packung und Kreuzkopf stärker erwärmen als im ungekühlten Fall.

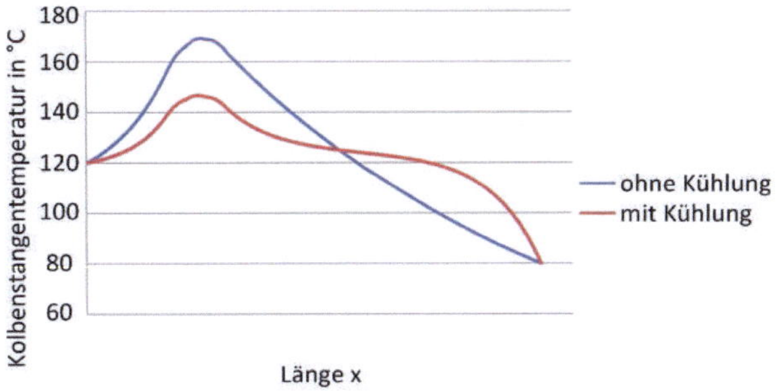

Abbildung 4.4: Vergleich 1D-Rechnung mit und ohne interne Wärmeabfuhr aus der Kolbenstange, nach [16]

Auch andere Studien belegen die Möglichkeit der eindimensionalen Betrachtung der Kolbenstangentemperatur. Lindner-Silwester verwendet pyrometrische Messungen zur Validierung seiner eindimensionalen Rechnung [25]. Bei der Berechnung wurde mit Hilfe von Strömungssimulationen der Wärmeübergangskoeffizient zur Kolbenstange bestimmt. Bei der Messung wurden 2 Messpositionen des Pyrometers im Packungsbereich eines Testkompressors betrachtet. Abbildung 4.5 vergleicht die Messergebnisse mit den Resultaten aus der 1D-Rechnung.

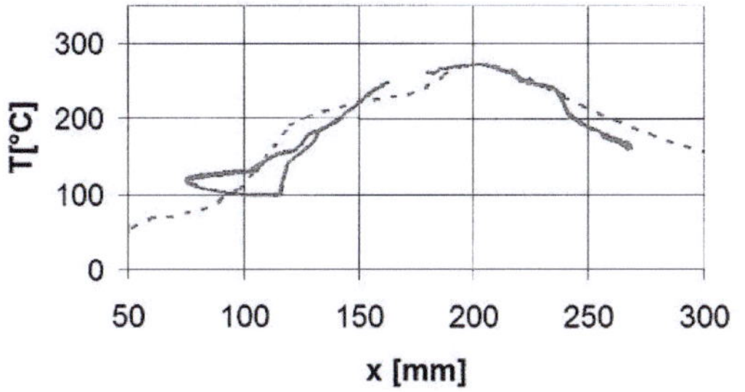

Abbildung 4.5: Vergleich 1D-Berechnung der Kolbenstangentemperatur mit pyrometrischer Messung [25]

Die gestrichelte Linie zeigt den berechneten stationären Temperaturverlauf der Kolbenstange. Die durchgezogenen Linien repräsentieren die mittels Pyrometer gemessenen Temperaturen der Kolbenstange. Eine Übereinstimmung zwischen Messung und Rechnung hängt stark von den verwendeten Randbedingungen der Simulation ab und kann in vielen Fällen nur durch Validierung mit den Messwerten erreicht werden.

Die eindimensionale Berechnung ist eine gute Möglichkeit zur Abschätzung der Kolbenstangentemperatur. Die umfassende Untersuchung des Wärmetransports in der Kolbenstange erfordert aber auch die Einbeziehung der angrenzenden Baugruppen und Gasströmungen, wobei radiale Temperaturgradienten nicht mehr zu vernachlässigen sind.

4.2 Zweidimensionale Berechnung

4.2.1 Allgemeine Vorbetrachtung

Da es sich bei der Kolbenstangenpackung um eine in erster Näherung rotationssymmetrische Baugruppe handelt, liegt eine zweidimensionale Berechnung der thermischen Verhältnisse nahe. Entsprechend dem Stand der Technik werden sowohl rein strömungsmechanische, thermodynamische und strukturmechanische Teilvorgänge betrachtet, als auch die Verknüpfung dieser Teilgebiete durch Fluid-Struktur-Interaktionen mit kommerzieller Software wie ANSYS [5]. Für diese Berechnungen müssen jedoch ein hoher Programmieraufwand und lange Rechendauern in Kauf genommen werden. Ferner sind die erzielten Ergebnisse stark abhängig von einer Vielzahl – zumeist unbekannter – Randbedingungen, die nur mittels Messungen genauer definiert werden können.

Daher wurden im Rahmen der vorliegenden Arbeit folgende Arbeitsschritte durchgeführt:

- Schritt 1: Stationäre Temperatufeldberechnung von Teststand „Alpha“
- Schritt 2: Instationäre Temperatufeldberechnung des Versuchskompressors mit vereinfachter Geometrie und bewegten Randbedingungen
- Schritt 3: Stationäre Temperaturfeldbrechung der gesamten Geometrie des Versuchsverdichters in Kolben-Mittelstellung und Annahme gemittelter Randbedingungen

Auf eine Widergabe der Differentialgleichungen und Beschreibung der numerischen Verfahren, die der Temperaturfeldberechnung mit dem verwendeten Programmpaket zugrunde liegen, wird verzichtet, da diese in der Dokumentation zur Software zu finden sind [5].

Die Simulation wurde mit ANSYS APDL – der Programmieroberfläche von ANSYS – durchgeführt, da diese bessere Eingriffsmöglichkeiten in die Vernetzung und Randbedingungen bietet als in der ANSYS

Workbench und klar festgelegt werden kann, welche einzelnen Schritte vom Programm durchgeführt werden sollen.

Im Rahmen der Arbeit können nur qualitative Angaben zur geometrischen Modellierung und zur Vorgabe einzelner Stoffgrößen gemacht werden, weil bezüglich der exakten Abmessungen und Materialeigenschaften der einzelnen Bauteile Geheimhaltung vereinbart wurde. Da bei der Beschreibung der thermischen Modellierung die angenommenen thermischen Randbedingungen im Vordergrund stehen, stellt dies keine wesentliche Einschränkung dar.

Die zweidimensionale Berechnung des Temperaturfeldes von Kolbenstangen mit interner Kühlung wurde für den Modellprüfstand „Alpha" und den Versuchsverdichter in Boxer-Bauweise durchgeführt.

Aufgrund der im Modellprüfstand „Alpha" vorgegebenen Bauteile (mitbewegte Heizelemente) wurde eine stationäre Temperaturfeldberechnung durchgeführt.

4.2.2 Berechnungen für das Kolbenstangenmodell

Wie bereits in Kapitel 3 beschrieben, wird der Wärmeeintrag (infolge Reibung bei realen Kompressoren) im Modellprüfstand „Alpha" durch Heizelemente realisiert, wodurch der dem System zugeführte Wärmestrom bekannt ist. Zusätzlich steht eine Vielzahl an Temperaturmesswerten zur Verfügung, die eine Validierung der Simulationsergebnisse ermöglichen. Die 3D-CAD-Konstruktion wurde auf ein rotationssymmetrisches 2D-Modell vereinfacht (Abbildung 4.6). Damit ist eine Reduzierung an Rechenelementen und auch an Rechenzeit möglich.

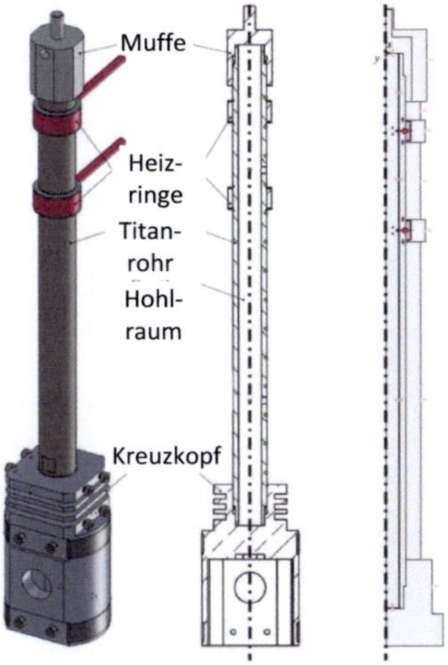

Abbildung 4.6: Überführung der 3 D-Konstruktion von Teststand Alpha in ein 2D-Simulationsmodell [18]

Die in Abbildung 4.6 dargestellte Geometrie wurde bei der Berechnung noch um die Kreuzkopflaufbahn erweitert, um die vom oszillierenden Kreuzkopf erzeugte Reibungswärme einbinden zu können. Diese wurde näherungsweise aus der oszillierenden Masse und der Triebwerksgeometrie mit einem angenommenen Reibkoeffizienten ermittelt. Die eingebrachte Wärme durch die Heizringe wurde als Wärmequelle in der Simulation formuliert und ist auf das Volumen des jeweiligen Heizringes bezogen, ebenso der Wärmeeintrag am Kreuzkopf.

In Vorbereitung der thermischen Simulation des Kühlraums wurden folgende Überlegungen angestellt:

1. Wenn die Temperaturfeldberechnung nur die Festkörper umfasst, sind angrenzende Fluidräume lediglich Randbedingungen, die durch Vorgabe ihrer Temperaturen und Wärmeübergangskoeffizienten beschrieben werden.
2. Diese Randbedingung ist aber nur realisierbar, wenn keine nennenswerte Rückwirkung der Festkörpertemperatur auf den Zustand in diesen Räumen zu erwarten ist, wie z.B. für die Luft in der Umgebung des Versuchsstandes.
3. Wenn aber die Randbedingung – wie unter 1. dargelegt – für den Hohlraum der Kolbenstange in dieser Weise beschrieben würde, müsste simultan zur Temperatufeldberechnung im Festkörper eine Wärmebilanz des Fluidraumes aufgestellt werden. Diese müsste anschließend so für eine Korrektur der Fluidtemperatur verwendet werden, dass die Wärmezu- und -abfuhr an das Fluid gleich sind.
4. Die beschriebene Vorgehensweise kann umgangen werden, indem man das Fluid im Hohlraum formal wie einen Festkörper behandelt, für den lediglich seine Wärmeleitfähigkeit bestimmend ist.

Daher wird zur Nachbildung des Wärmeübergangswiderstandes zwischen der Rohrinnenwand und dem Fluid im Hohlraum eine dünne Schicht im wandnahen Bereich mit niedrigem Wärmeleitkoeffzienten verwendet. Bei vorgegebener Stärke dieser Schicht ergibt sich die äquivalente Wärmeleitfähigkeit nach Gleichung (4.15)

$$\lambda = \alpha \cdot \delta \qquad (4.15)$$

Abbildung 4.7 zeigt, dass sich das Ergebnis der Temperaturfeldberechnung bei diesem Vorgehen nicht von dem bei üblicher Formulierung der Randbedingung unterscheidet. Dargestellt ist die axiale Temperaturverteilung bei einem Radius von 15,5 mm. Dies entspricht der radialen Position der Sensorspitze der Mantelthermoelemente des Modellprüfstandes „Alpha“.

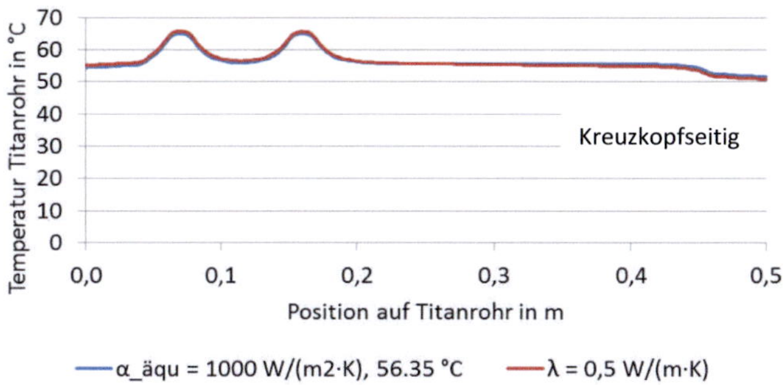

Abbildung 4.7: Vergleich der Simulationsergebnisse bei vorgegebener Kühlrauminnentemperatur mit Wärmeübergangskoeffizienten bzw. äquivalenter Wärmeleitfähigkeit.

Im ersten Schritt wurde die Temperaturverteilung des Rohres mit Luftfüllung berechnet. Dabei war es durch den Vergleich mit den Messwerten der Temperatur möglich, die Annahmen für den äußeren Wärmeübergangskoeffizienten (abhängig von Drehzahl und Heizleistung) zu validieren. In Abbildung 4.8 sind links die Bereiche unterschiedlicher Materialien dargestellt. Der Hohlraum des Titanrohres ist pink hervorgehoben. Sein Wärmeleitkoeffizient kann mit Hilfe eines Parameters variiert werden.

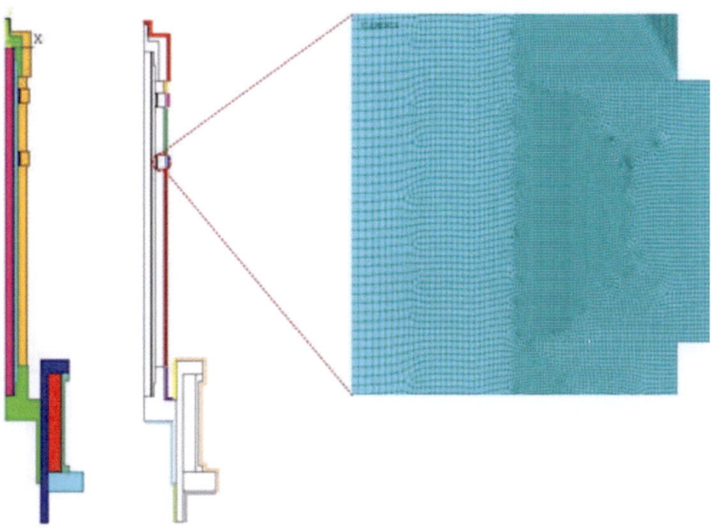

Abbildung 4.8: Teststand Alpha: Materialien, Randbedingungen, Netz im Detail

Die ermittelten äußeren Wärmeübergangskoeffizienten der Rechnung mit Luftfüllung dienten als äußere Randbedingung für die Rechnung mit Wasser-Luft-Füllung (mittleres Bild; Randbedingungen unterschiedlich farbig gekennzeichnet). Dabei wird angenommen, dass sich die Wärmeübergangskoeffizienten auf der Außenseite nicht von denen bei Luftfüllung unterscheiden. In den besonders interessanten Bereichen der wandnahen Schicht und der Verbindung zu den Heizelementen wurde eine feinere Vernetzung realisiert (Abbildung 4.8, rechts).

Abbildung 4.9 belegt den sehr geringen Temperaturgradienten im Hohlraum am Beispiel des Betriebspunktes (2 x 16 W, 600 min^{-1}) mit Wasser-Luft-Füllung.

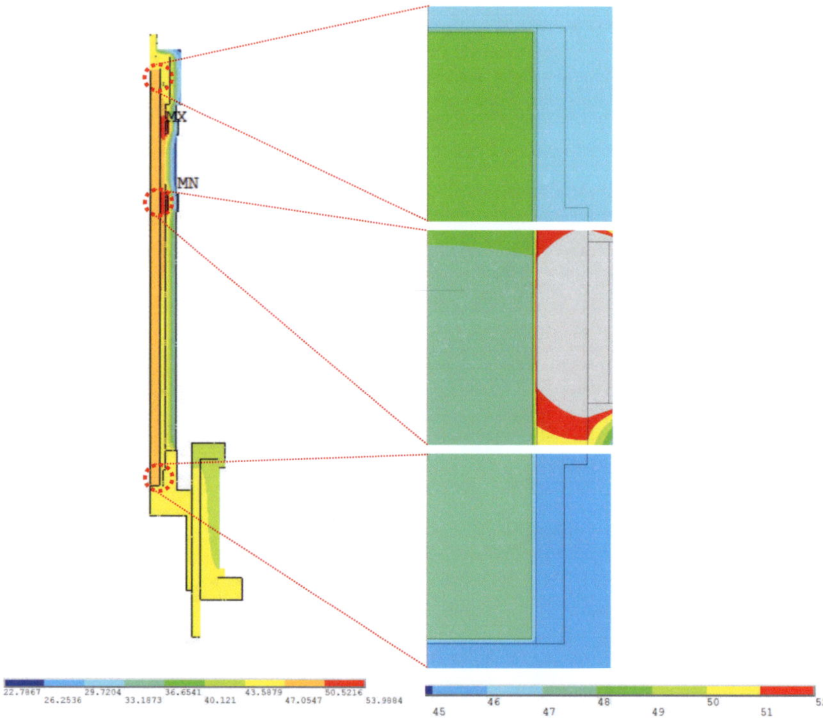

Abbildung 4.9: Berechnete Temperaturverteilung bei Wasser-Luft-Füllung

Im linken Bild ist das Temperaturfeld des gesamten Rechenbereichs abgebildet, rechts sind das obere und untere Ende des Hohlraumes, sowie der Hohlraumbereich neben dem unteren Heizring (Bild Mitte links) mit skalierter Temperatur dargestellt. Der axiale Temperaturunterschied im wandfernen Bereich des Hohlraums beträgt ca. 1 K.

Der Vergleich zwischen Messung und Simulation wird in Kapitel 5 durchgeführt.

4.2.3 Berechnungen für den Versuchskompressor

Basierend auf den gewonnenen Erkenntnissen der Temperaturfeldberechnung des Modellprüfstandes „Alpha“ wurde eine Untersuchung des thermischen Verhaltens eines realen Kompressors durchgeführt. Wegen der großen Abmaße und der näherungsweise rotationssymmetrischen Bauteile der Versuchsanlage bot sich auch hier die Vereinfachung auf ein zweidimensionales, rotationssymmetrisches Modell an. Im Rahmen einer Studie [18] wurde eine Temperaturfeldberechnung des Versuchskompressors im oszillierenden System durchgeführt. Hierbei wurden vereinfachend nur die oszillierenden Bauteile der Anlage (Kreuzkopf, Kolbenstange, Kolben) modelliert. Abbildung 4.10 zeigt schematisch die Relativbewegung der abgebildeten Bauteile des realen Kompressors.

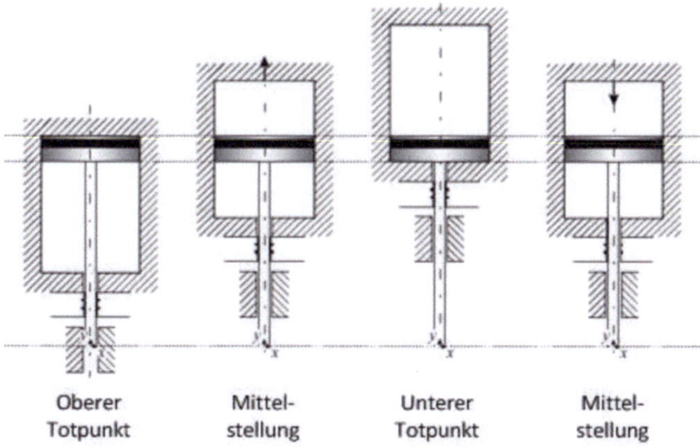

Abbildung 4.10: Abgewandelte Relativbewegung für transiente Simulation [18]

Der in der Realität bewegte Teil des Kompressors wird im vorliegenden Fall als ruhend angesehen, während die Randbedingungen (Wärmeeintrag durch Reibung am Kolben und an der Kolbenstange) zeit- und ortsabhängig sind.

Für die transiente Rechnung mussten (drehzahlabhängige) Zeitschritte definiert werden, in denen die jeweilige Randbedingung an dem vorgesehenen Ort wirkt. Das Rechennetz des äußeren Geometriebereichs kann mit Hilfe eines variablen Parameters verfeinert werden (siehe Abbildung 4.11).

Abbildung 4.11: Vernetzung des Kolbens beim transienten Simulationsmodell [18]

Nur mit einem sehr feinen Netz ist die detaillierte Untersuchung der transienten Effekte, die in Oberflächennähe auftreten, möglich. Abbildung 4.12 zeigt das radiale Temperaturprofil der Kolbenoberfläche die dem deckelseitigen Arbeitsraum zugewandt ist. Basierend auf [42] wurden der Wärmeübergangskoeffizient und die Temperatur im Arbeitsraum vorgegeben und diese über 10 Perioden weiterverfolgt. Es ist deutlich erkennbar, dass die zeitliche Veränderung der Temperatur auf der gesamten Kolbenoberfläche vernachlässigbar gering ist. Auch kann bereits die erste Simulationsperiode als eingeschwungen betrachtet werden [18].

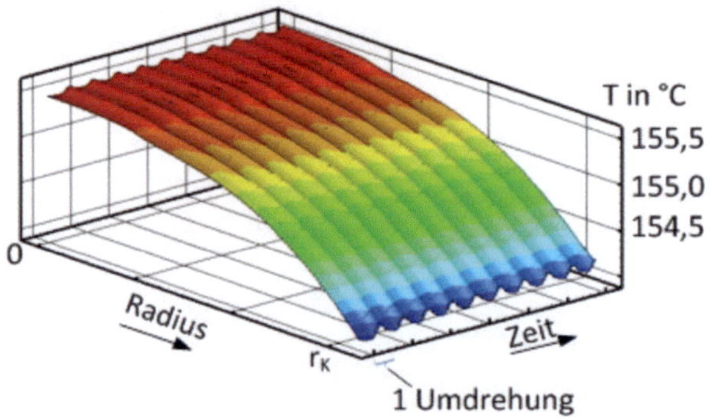

Abbildung 4.12: Temperaturverlauf der deckelseitigen Kolbenoberfläche bei 10 berechneten Arbeitsspielen [18]

Die durchgeführte Rechnung weist zwei Nachteile auf:

- zum einen ist die Rechenzeit aufgrund der instationären Randbedingungen erheblich,
- zum anderen werden die äußere Geometrie und damit die Wärmeleiteigenschaften der äußeren Bauteile nicht erfasst.

Da die zeitlichen Temperaturschwankungen sehr gering sind, und die Auswirkungen der äußeren Geometrie auf die thermischen Vorgänge nicht betrachtet werden können, wurde im Anschluss eine stationäre Temperaturfeldberechnung der folgenden Bauteile bei mittlerer Kolbenposition durchgeführt:

- Kolben, Kolbenstange, Kreuzkopf (bis zur Achse des Kreuzkopfbolzens)
- Zylinder, Zylinderdeckel, Zwischenstück, Triebwerksgehäuse (bis zur Achse des Kreuzkopfbolzens)
- Kolbenstangenpackung (Gehäuse und innere Komponenten)

Da eine Abweichung des äußeren Zylinders von der Rotationssymmetrie besteht, wurden flächengleiche rotationssymmetrische Modellkomponenten erstellt und eine Mittelung von Temperatur und Wärmeübergangskoeffizient im Zylinderbereich vorgenommen.

Trotz dieser Vereinfachung ist eine spätere Validierung mit Messergebnissen der Gehäusebauteile und eine Erfassung der thermischen Wechselwirkungen zwischen bewegten und stehenden Bauteilen möglich.
Ferner können die Ergebnisse innerhalb vertretbarer Rechenzeiten erzielt werden.

Abbildung 4.13 zeigt die Überführung der Kompressorgeometrie in ein zweidimensionales rotationssymmetrisches Modell. Im rechten Bild sind die unterschiedlichen Materialen farblich gekennzeichnet.

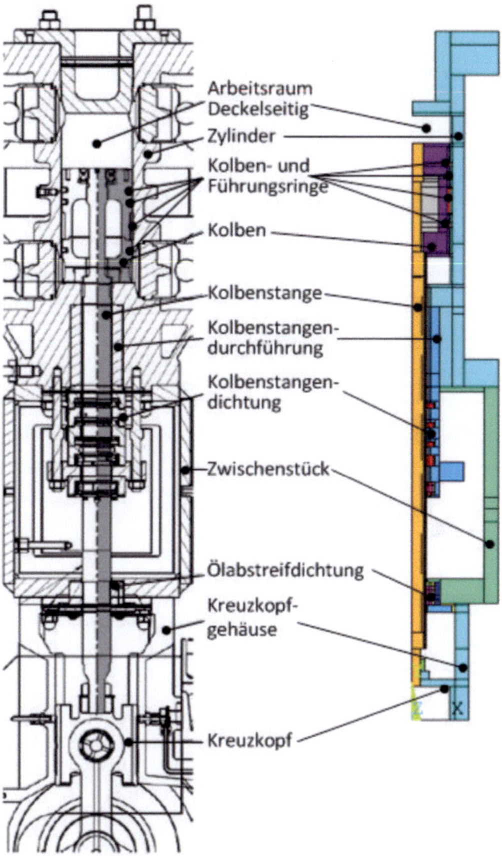

Abbildung 4.13: Reale Kompressorkonstruktion und abstrahiertes 2D-rotationssymmetrisches Modell, mit Darstellung der unterschiedlichen Materialien

Bei der Erstellung der Berechnungsgeometrie wurden die oszillierenden und ruhenden Bauteile getrennt voneinander modelliert. Anschließend wurden die Geometriekomponenten aus beiden

Gruppen über einen „contact"-Befehl miteinander verknüpft, die in der Realität in Reibkontakt miteinander stehen (z.B. Kolbenring und Zylinderlauffläche bzw. Kolbenstange und Packungsdichtelement).
Damit ist es möglich, die Reibleistung als Randbedingung als Wärmestromdichten zwischen den Reibpartnern vorzugeben, und den Wärmetransport über die Grenzflächen nachzubilden.

Bei der Temperaturfeldberechnung wurde die Option von ANSYS, thermische Verformungen zu berücksichtigen, nicht genutzt. Vereinfachend wurden die Dichtungselemente mit den bei Betriebstemperatur zu erwartenden geometrischen Abmaßen modelliert. Die metallischen Bauteile erhielten die Maße im kalten Zustand. Die Kolbenringe wurden – aufgrund der Mittelstellung des Kolbens – ebenso in mittlerer Position angesetzt. Das heißt, dass axial vor und nach dem Ring ein Luftspalt existiert. Ebenso wurde ein Luftspalt radial hinter den Kolben- und Führungsringen modelliert.

Im Packungsbereich wird davon ausgegangen, dass die Ringe – aufgrund der anliegenden Druckdifferenz – immer vom kurbelseitigen Arbeitsraum weggedrückt werden und somit mit einer Seite am Packungsgehäuse anliegen. In der vorliegenden Konstruktion sind die Dichtelemente arbeitsraumseitig mit einer Scheibe gestützt. Oberhalb dieser Scheibe und auch hinter den Dichtelementen wurde wiederum ein Luftspalt modelliert.

Hierbei wurde auf thermodynamische Berechnungen [42] zurückgegriffen, die den Zustandsverlauf in den Arbeitsräumen, in Saug- und Druckkammer sowie in den Packungskammern beinhalten. Aus diesen Berechnungen konnten auch Anhaltswerte für den mittleren Wärmeübergangskoeffizienten entnommen werden.

Abbildung 4.14: Randbedingungen im Packungsbereich

Abbildung 4.14 zeigt die Packungsgeometrie, die der Temperaturfeldberechnung zugrunde lag. Die farbig dargestellten Bereiche sind Festkörper mit spezifischen Wärmeleiteigenschaften. Als Randbedingungen an den weiß dargestellten Bereichen dienen Messwerte. So ist der Gasbereich der Stangendurchführung (oberhalb des ersten Dichtringes der Packung) bei Rechnungen mit originaler Kolbenstange mit einer um 10 K höheren Temperatur bezüglich der gemessenen mittleren kurbelseitigen Arbeitsraumtemperatur versehen (rot markiert). Bei der Simulation der gekühlten Variante wurden 20 K aufgrund der Temperaturreduktion des Gases in der Stangendurchführung von diesem Messwert abgezogen.

Die Indizes beziehen sich auf Messwerte (M) des Gases (G) vor dem ersten, zweiten bzw. dritten Dichtring (1, 2, 3). Jeweils hinter den Dicht- und Leckageringen wurde eine niedrigere Temperatur als direkt an der Stange angesetzt, da hier bereits eine Abkühlung durch das Packungsgehäuse stattfindet. In allen Betriebspunkten wurden im Packungsbereich näherungsweise die aus [42] erhaltenen Wärmeübergangskoeffizienten des kurbelseitigen Arbeitsraumes α_{KA} verwendet (siehe Abbildung 4.14).

Mit den abgeschätzten Wärmeübergangskoeffizienten und den gemessenen Temperaturen wurde die Berechnung des Temperaturfeldes für den Originalzustand und die gekühlte Variante der Kolbenstange durchgeführt. Da der thermodynamische Zustand in den Arbeitsräumen und Ventilkammern sowohl bei der Messung als auch bei der Nachrechnung für den gekühlten und ungekühlten Fall nahezu gleich war, wurden gleiche Werte für den Reibungswärmeeintrag und die Wärmeübergangskoeffizienten angenommen (siehe Anhang A7).

Einziger Unterschied in den Randbedingungen waren die unterschiedlichen Gastemperaturen im Packungsbereich. Diese waren im gekühlten Fall sehr viel niedriger als im ungekühlten.

Als Beispiel für die Ergebnisse der Temperaturfeldberechnung wird hier der Vergleich zwischen originaler Kolbenstange und Kolbenstange mit interner Kühlung für zwei Betriebspunkte dargestellt (Abbildung 4.15). Das Temperaturfeld des gesamten Rechenbereiches ist für die Betriebspunkte 2 und 4 Anhang A6 zu entnehmen.

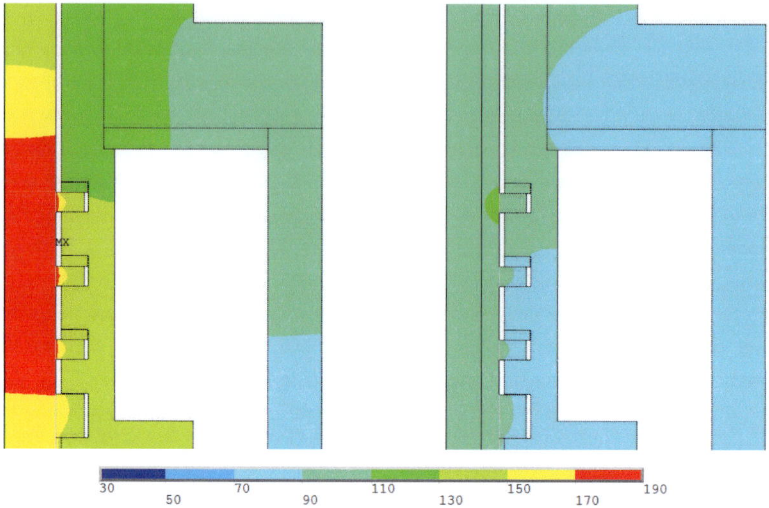

1a) Simulation Betriebspunkt 2, ungekühlt

1b) Simulation Betriebspunkt 2, gekühlt

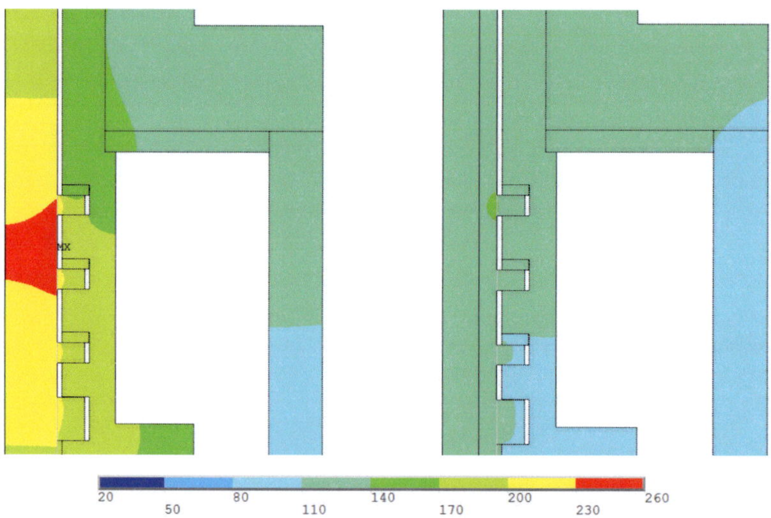

2a) Simulation Betriebspunkt 4, ungekühlt

1b) Simulation Betriebspunkt 4, gekühlt

Abbildung 4.15: Vergleich der Simulationsergebnisse originaler Aufbau und gekühltes Kolbenrohr

Es ist erkennbar, dass die interne Kühlung zu einer deutlichen Temperaturabsenkung im Packungsbereich führt.

Bei der Rechnung mit interner Kühlung wurde für beide Betriebspunkte die äquivalente Wärmeleitfähigkeit der wandnahen Schicht im Hohlraum der Kolbenstange so gewählt, dass sich ein innerer Wärmeübergangskoeffizient (nach Gleichung (4.15)) von 1000 W/(m^2·K) ergibt.

Für den Betriebspunkt 2 der gekühlten Variante sind in Abbildung 4.16 und 4.17 auf radialen Schnitten durch den ersten Kolbenring (Zählrichtung: vom deckelseitigen Arbeitsraum beginnend) und den zweiten Packungsdichtring die Temperaturverteilung sowie die flächenspezifischen Wärmeströme in x-Richtung (radial) dargestellt.

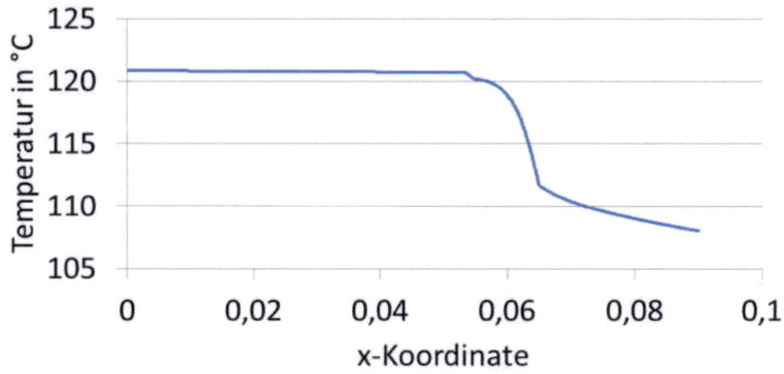

a) Temperatur, radialer Schnitt durch Kolbenring 1

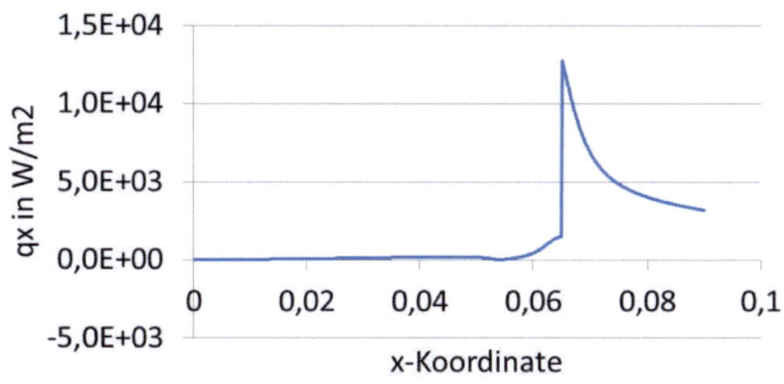

b) Wärmestromdichte $\dot{q}_x$, radialer Schnitt durch Kolbenring 1

Abbildung 4.16: Berechneter Verlauf der Temperatur (a) und der Wärmestromdichte in radialer Richtung (b), Betriebspunkt 2, gekühlte Variante, radialer Schnitt durch Kolbenring 1

Bei allen Darstellungen wurde die Rotationsachse von Kolben und Kolbenstange als Nullpunkt gewählt. Der Temperaturverlauf in Abbildung 4.16 a) zeigt eine nahezu konstante Kolbentemperatur bis zum Erreichen der Luftschicht zwischen Kolben und Kolbenring. Der Kolben besitzt im stationären Zustand eine nahezu konstante Temperatur, die deutlich höher liegt, als die der Umgebung.

Bei Radius 0,065 m wurde der Reibungswärmeeintrag zwischen Kolbenring und Zylinderlaufbahn aufgebracht. Dies ist deutlich in Abbildung 4.16 b) als Singularität erkennbar. Aufgrund der schlechten Wärmeleiteigenschaften des Kolbenrings wird ein Großteil der Reibungswärme in Richtung Zylinderwand (und damit zur Umgebung) abgeführt, da die Umgebung des Zylinders niedrigere Temperaturen im Vergleich zur Reibstelle aufweist und damit der Temperaturgradient am größten ist. Abhängig vom Betriebspunkt ändern sich die Gastemperatur und der Wärmeübergangskoeffizient in den Arbeitsräumen sowie die aufgeprägte Reibungswärme.

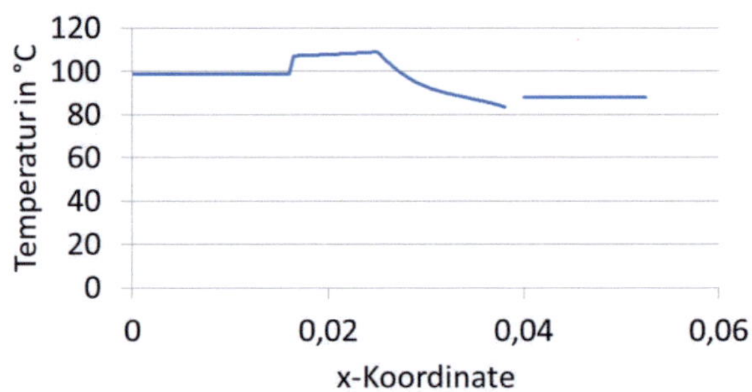

a) Temperaturverlauf, radialer Schnitt durch Packungsdichtring 2

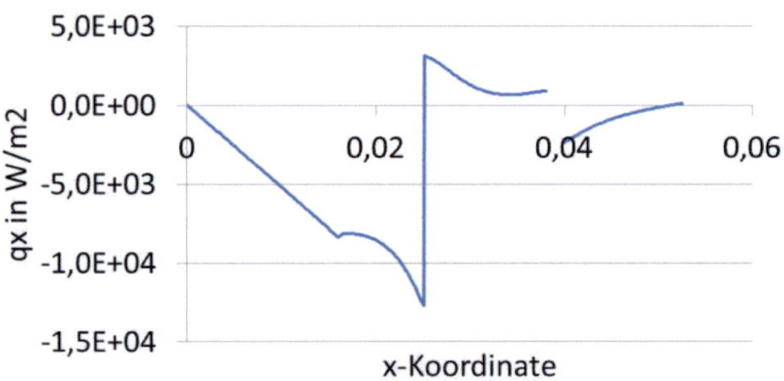

b) Wärmestromdichte $\dot{q}_x$, radialer Schnitt durch Packungsdichtring 2

Abbildung 4.17: Berechneter Verlauf der Temperatur (a) und der Wärmestromdichte in radialer Richtung (b), Betriebspunkt 2, gekühlte Variante, radialer Schnitt durch Packungsdichtring 2

Abbildung 4.17 zeigt die entsprechenden Ergebnisse auf dem radialen Schnitt durch den zweiten Packungsdichtring. Zwischen den Radien 0 m und 0,016 m liegt aufgrund der hohen

Wärmeleitfähigkeit im wandfernen Bereich des Hohlraums eine nahezu isotherme Temperaturverteilung vor. Die dünne wandnahe Schicht des Hohlraums als Ersatz des Wärmeübergangswiderstandes ist deutlich am hohen Temperaturgradienten zu erkennen. Daran anschließend wird die Temperaturerhöhung infolge des Reibungswärmeeintrags zwischen Dichtring und Kolbenstange sichtbar. Auch diese Randbedingung ist als Singularität in Abbildung 4.17 b) erkennbar.

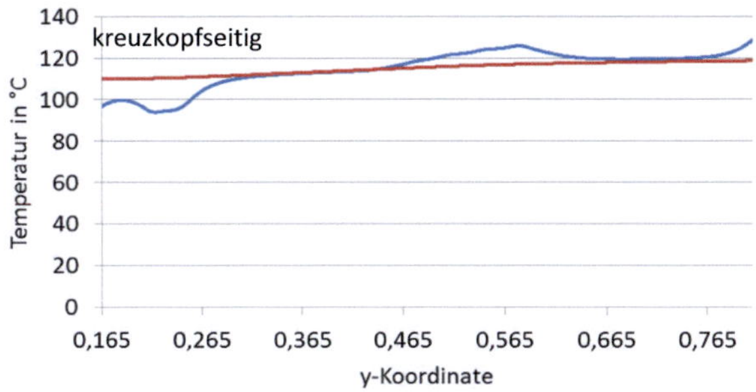

a) Temperaturverlauf an der Hohlrauminnenwand der Kolbenstange (blau), Temperatur des Kühlmediums bei r = 0 m (rot)

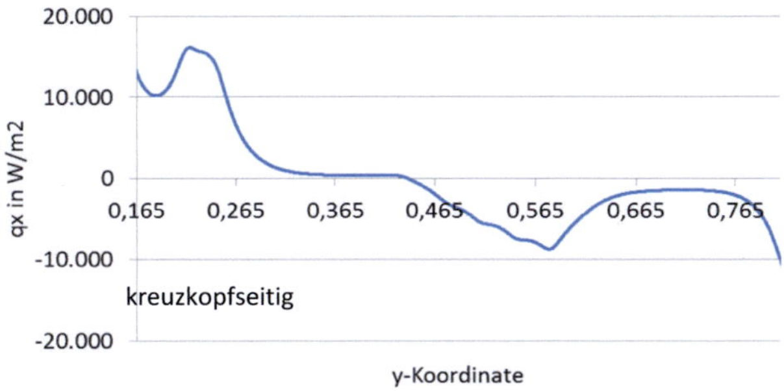

b) Berechnete Wärmestromdichte in radialer Richtung an der Hohlrauminnenwand der Kolbenstange

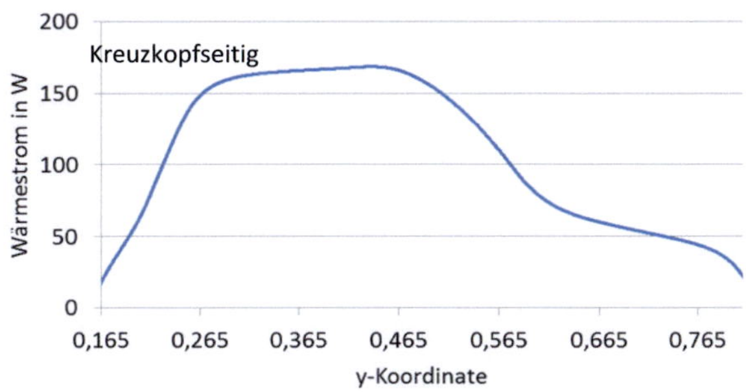

c) Berechneter Wärmestrom an der Hohlrauminnenwand der Kolbenstange

Abbildung 4.18: Temperaturverlauf und Wärmeströme an der Hohlrauminnenwand der Kolbenstange

Aufgrund des niedrigen Wärmeleitkoeffizienten des Dichtungselementes und der guten Wärmeabfuhr infolge der internen Kühlung der Kolbenstange stellt sich ein höherer radialer Wärmestrom in Richtung des Hohlraumes der Kolbenstange ein. Dennoch strömt ein Teil der Wärme zum Packungsgehäuse hin, da auch hier eine geringere Temperatur als die der Reibstelle vorliegt. Zwischen dem Packungsring und dem Packungsgehäuse befindet sich ein Luftspalt, der nicht zum Rechenbereich gehört, sondern mit seiner Temperatur und seinem Wärmeübergangskoeffizienten als Randbedingung in die Rechnung eingeht.

Weiterhin kann der Hohlraum der Kolbenstange analysiert werden. Für Betriebspunkt 3 der Messungen wurden der innere Radius, sowie das obere und untere Ende des Hohlraumes bezüglich der Temperaturen und Wärmeströme ausgewertet.

Abbildung 4.18 zeigt die Rechnungsergebnisse für Betriebspunkt 3 im gekühlten Zustand an der Innenwand des Kolbenstangenhohlraums. In Abbildung 4.18 a) sind die Temperatur der Hohlrauminnenwand und die Temperatur des Kühlmediums im wandfernen Bereich (x = 0 m) dargestellt. Im Bereich zwischen y = 0,66 m und y = 0,46 m liegen die Dichtelemente, deren Reibungswärmeeintrag zu der dargestellten Temperaturerhöhung führt. Im unteren Bereich befinden sich das Leckgasring-Paket und das Messringpaket (siehe Abschnitt 3.2.2). Aufgrund fehlender Messdaten in diesem Bereich konnte der Reibungswärmeeintrag hier nur abgeschätzt werden.
Der Verlauf der Wärmestromdichte in radialer Richtung ist in Abbildung 4.18 b) dargestellt. Im oberen Stangenbereich ist ein Wärmestrom in Richtung Hohlraum zu verzeichnen. Hier werden die Wärme des komprimierten Gases des kurbelseitigen Arbeitsraumes und die Reibleistung der Packungsdichtringe deutlich (bis ca. 0,4 m).

Anschließend kehrt sich die Richtung des Wärmestroms um. Die Temperatur des Kühlmediums ist nun größer als die der Kolbenstange (siehe Abbildung 4.18 a)), und somit wird Wärme vom Hohlraum in Richtung Umgebung über die Kolbenstange abgegeben. Der untere Bereich des Hohlraumes befindet sich auch im Bereich der Ölabstreifdichtung, durch die ein zusätzlicher Wärmeeintrag in die Kolbenstange erfolgt. Jedoch sind die Gastemperatur im Zwischenstück und die Öltemperatur unterhalb der Ölabstreifdichtung gering genug, um die Wärmeabfuhr aus der Kolbenstange zu realisieren. Die Grenze zwischen den Bereichen mit Wärmezu- und -abfuhr ist identisch mit dem Schnittpunkt der beiden Temperaturkurven in Abbildung 4.18 a).

Die Reibparameter der Ölabstreifdichtung und des Kreuzkopfes, sowie die Temperatur und der Wärmeübergangskoeffizient des Öles im Kurbeltrieb beruhen auf Schätzungen. Da in diesem Bereich keine Messwerte vorlagen, wurden diese Parameter für alle Betriebspunkte gleich angenommen und mit dem Dichtungs- und Kompressorhersteller abgesprochen [37], [27]. Der Einfluss eventueller Abweichungen auf den Packungsbereich wird als vernachlässigbar angesehen.

In Abbildung 4.18 c) wird der integrale Wärmestrom über die Innenwand des Hohlraums gezeigt. Die Abweichungen des Wärmestroms vom Wert $\dot{Q} = 0\,W$ am oberen und unteren Ende des Hohlraums sind auf den Einfluss der Stirnflächen zurückzuführen.

Der Vergleich der Berechnungsergebnisse und der Messungen wird in Kapitel 5 vorgenommen.

5 Schlussfolgerungen aus den Untersuchungen

5.1 Verhältnis theoretischer und experimenteller Ergebnisse

5.1.1 Kolbenstangenmodell

Die stationäre Temperaturfeldberechnung von Teststand „Alpha“ wurde mit Hilfe der in Kapitel 3 gezeigten Messwerte validiert. Die Wärmeleitkoeffizienten der einzelnen Bauteile sind aus der Literatur bekannt. Der äußere und innere Wärmeübergangskoeffizient ist nur mit Hilfe von Experimenten bestimmbar und abhängig von der eingebrachten Heizleistung, der Drehzahl, der Art der Isolierung und den Umgebungsbedingungen.

Vor allem im Bereich der Heizringe besteht ein großer Unterschied in den äußeren Wärmeübergangskoeffizienten zwischen den Betriebspunkten mit 8 W je Heizring und 16 bzw. 25 W je Heizring.

Für die Nachrechnung der gekühlten und ungekühlten Variante wurden dieselben äußeren Wärmeübergangskoeffizienten je Betriebspunkt verwendet. Es wurden lediglich die Umgebungstemperaturen des jeweiligen Messtages angepasst.
Mit Hilfe der so definierten äußeren Vorgänge am oszillierenden Rohr war eine erste Abschätzung der inneren Bedingungen möglich. Hierbei erwies sich die in Kapitel 4 beschriebene Vorgehensweise der dünnen Ersatzschicht für den Wärmeübergangswiderstand im wandnahen Rohrinnenbereich als hilfreich.
Im Fall einer Heizleistung von 8 W je Heizring und einer Drehzahl des Triebwerks von 400 min^{-1} wurde ein äquivalenter Wärmeübergangskoeffizient von 750 $W/(m^2 \cdot K)$, bei den beiden Fällen mit höherer Drehzahl und Heizleistung wurden 1000 $W/(m^2 \cdot K)$ angenommen.

Bei allen Betriebspunkten mit der Wasser-Luft-Füllung wurde jeweils im wandfernen Bereich des Hohlraums – aufgrund der Annahme einer guten Durchmischung – eine Wärmeleitfähigkeit von 10 000 $W/(m \cdot K)$ angenommen. Diese Größenordnung wurde durch eine Vielzahl an Simulationsversuchen rechnerisch ermittelt.

Die Abbildungen 5.1 und 5.2 zeigen links den Vergleich zwischen Messung und Rechnung bei Luftfüllung (a) und bei Wasser-Luft-Füllung (b). Das obere Diagramm vergleicht die Messwerte im Rohr mit den Rechnungsergebnissen. Im mittleren Diagramm ist der Vergleich der Temperaturen im Hohlraum und im unteren Diagramm der äußeren Temperaturen der Isolation dargestellt.

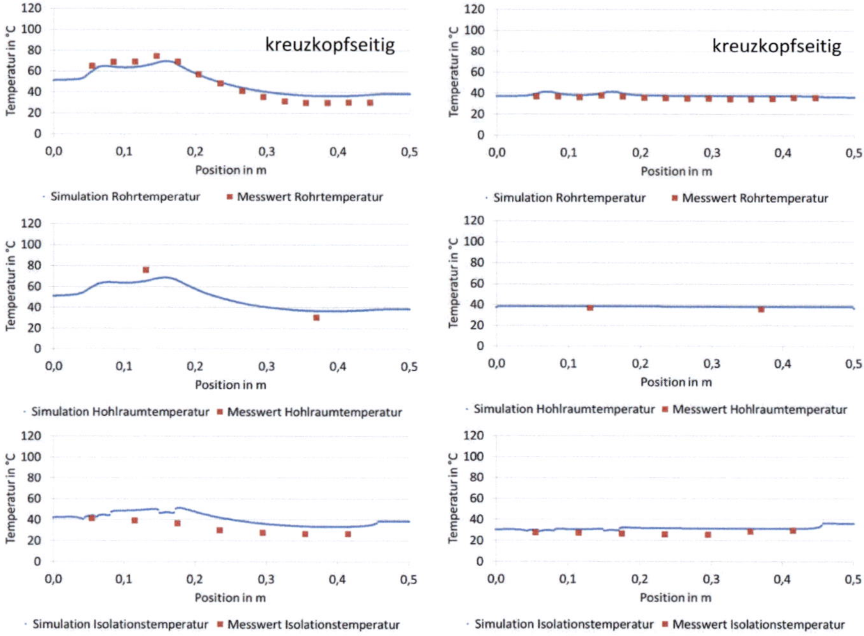

a) 2 x 8 W, 400 min^{-1}, Luftfüllung

b) 2 x 8 W, 400 min^{-1}, Wasser-Luft-Füllung, $\alpha_{äqu} = 750$ W/(m^2*K)

Abbildung 5.1: Vergleich Rechnung und Messung Teststand „Alpha", Betriebspunk 1 (2 x 8 W, 400 min^{-1})

Abbildung 5.1 a) zeigt im Fall der Luftfüllung eine gute Übereinstimmung zwischen den Messergebnissen und den berechneten Werten für die Temperaturverteilung entlang des oszillierenden Rohres bei einer Heizleistung von 8 W je Heizring und einer Drehzahl des Triebwerks von 400 min^{-1}. Auch die Temperaturen im Hohlraum zeigen eine näherungsweise gute Übereinstimmung. Die außen an der Isolierung gemessenen Temperaturen liegen z.T. leicht unterhalb der Simulation. Dies kann vor allem dadurch begründet werden, dass eine Messung dieser Werte erst nach Abschalten der Heizungen und im Stillstand der Anlage nacheinander mit einem Handthermometer durchgeführt wurde und somit eine leichte Abkühlung der Anlage erfolgen konnte.

Ferner wurde der Zustand mit Wasser-Luft-Füllung gemäß Kapitel 4 simuliert (Abbildung 5.1 b)). Es ist deutlich erkennbar, dass eine sehr gute Übereinstimmung in allen gemessenen Ebenen (Hohlraum, Wandtemperatur, Isolierungstemperatur) vorliegt.

Als Beispiel für eine höhere Drehzahl und Heizleistung dient der Betriebspunkt mit 16 W je Heizring und einer Drehzahl von 600 min^{-1}. Auch hier ist im Fall der Luft- sowie Wasser-Luft-Füllung eine hinreichend gute Übereinstimmung zwischen den gemessenen Werten und der stationären Temperaturfeldberechnung zu verzeichnen.

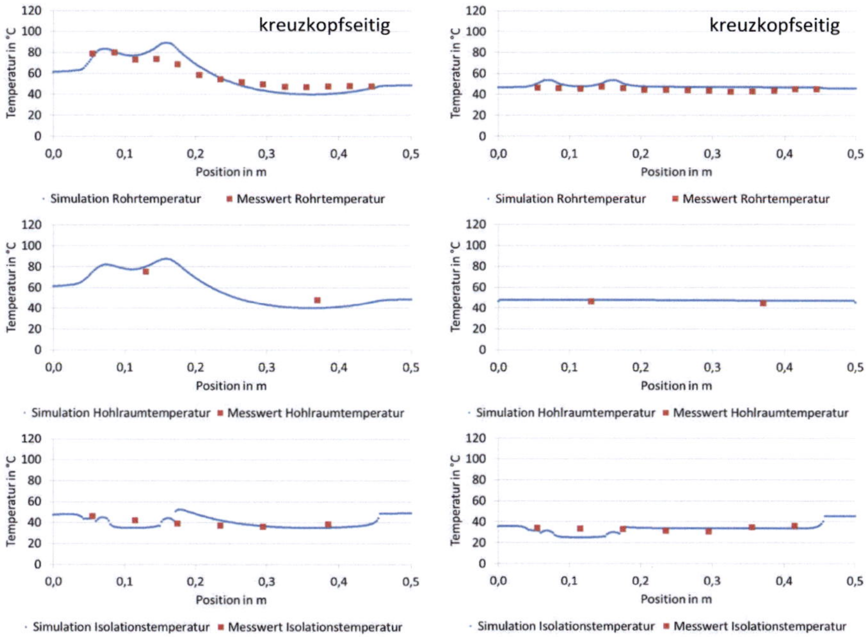

a) 2 x 16 W, 600 min^{-1}, Luftfüllung

b) 2 x 16 W, 600 min^{-1}, Wasser-Luft-Füllung, $\alpha_{äqu} = 1000\ W/(m^2*K)$

Abbildung 5.2: Vergleich Rechnung und Messung Teststand „Alpha“, Betriebspunkt 2 (2 x 16 W, 600 min^{-1})

5.1.2 Doppeltwirkender Versuchsverdichter

Aufgrund der guten Übereinstimmung zwischen der Rechnung und den Messwerten des Modellprüfstandes „Alpha“, wurde auch für den Versuchskompressor eine wandnahe Schicht im Rohrinneren mit einer Schichtdicke von 0,5 mm und einem Wärmeleitkoeffizienten von 0,5 W/(m·K) angenommen; das entspricht $\alpha_{äquiv} = 1000\ W/(m^2 \cdot K)$. Auch der wandferne Bereich im Hohlraum wurde mit 10 000 W/(m·K) angenommen.

Die äußeren Randbedingungen ergaben sich über den Vergleich mit den Messwerten der einzelnen Betriebspunkte (vgl. Abschnitt 4.4.3).

Abbildung 5.3 zeigt den Vergleich der Messwerte (rot) mit den Ergebnissen der ANSYS-Simulation für die Betriebspunkte 2 und 4, jeweils für die originale Kolbenstange und die intern gekühlte. Die drei Messstellen jeweils vor den Dichtringen der Packung sind mit PR 1 bis PR 3 gekennzeichnet. Bei allen Betriebspunkten konnte eine sehr gute Übereinstimmung in diesem Bereich erreicht werden.

Sowohl bei der Rechnung, als auch bei der Messung mit der originalen Kolbenstange steigt die Packungstemperatur vom oberen Arbeitsraum zur Umgebung hin zuerst leicht an (PR1 nach PR2) und fällt anschließend leicht ab (PR2 nach PR3). Im Fall der internen Kühlung stellt sich ein abfallendes Temperaturprofil ein, welches sich sowohl in den Messergebnissen als auch in der Temperaturfeldberechnung widerspiegelt.

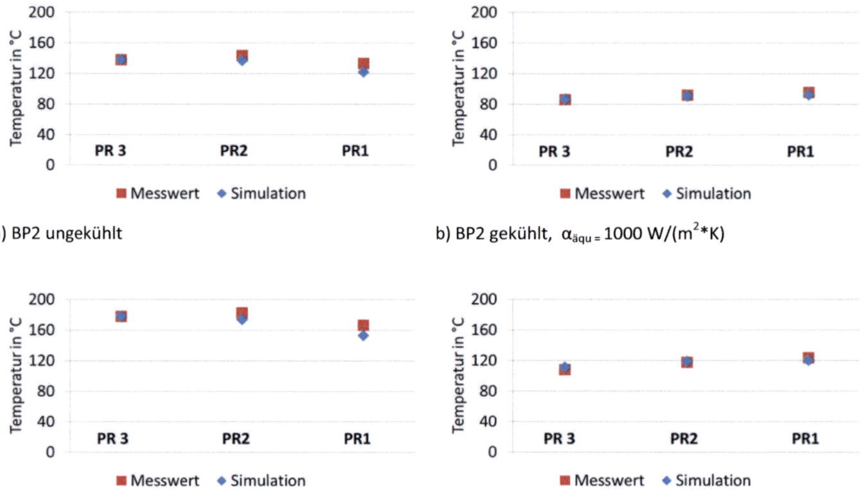

a) BP2 ungekühlt

b) BP2 gekühlt, $\alpha_{äqu} = 1000$ W/(m^2*K)

c) BP 4 ungekühlt

d) BP4 gekühlt, $\alpha_{äqu} = 1000$ W/(m^2*K)

Abbildung 5.3: Vergleich Rechnung und Messung Packungsgehäusetemperatur Versuchskompressor

5.2 Auslegungsvorschläge für Kolbenstangen mit Innenkühlung

Eine Kolbenstange, die mit einer Innenbohrung versehen wurde und ein Wasser-Luft.-Gemisch enthält, stellt eine konstruktiv einfache und trotzdem sehr wirksame Möglichkeit der internen Kühlung der Kolbenstange und somit auch der Temperaturreduzierung der Packungsdichtelemente dar.

Für die konstruktive Auslegung der Kolbenstange mit Hohlraum sind folgende Kriterien zu nennen:

- Die Innenbohrung sollte möglichst über den Packungsbereich hinausragen, damit auch ein Teil des Kolbenstangenbereichs, der mit dem Gas im Arbeitsraum in Kontakt steht, gekühlt wird.
- Der Durchmesser der Innenbohrung sollte möglichst groß gewählt werden, damit viel Material der schlechter wärmeleitenden Kolbenstange durch das besser wärmeleitende Kühlmedium ersetzt wird.
- Bei der Wahl des Bohrungsdurchmessers müssen die Festigkeitsgrenzen der Kolbenstange in Bezug auf Knickung und Kerbwirkung bei Querschnittsveränderungen beachtet werden.
- Es muss gewährleistet werden, dass der Kreuzkopf stets mit rückgekühltem Öl geschmiert wird, damit die eingebrachte Wärme am kalten Ende des Rohres abgeführt werden kann.
- Für die Befüllung (und evtl. vorherige Evakuierung) des Hohlraums muss ein stets zugänglicher Anschluss vorgesehen werden, der nicht mit umliegenden Bauteilen in Kontakt kommen darf und ausreichend abgedichtet werden muss.
- Die infolge der Oszillation der Kolbenstange auftretenden Trägheitskräfte müssen an der Verbindung zwischen Kolbenstange und Befüllventil beachtet werden.

Zu den anderen in Abschnitt 1.2.5 genannten Gestaltungsvarianten des Hohlraums der Kolbenstange (Strukturen, Rohr-in-Rohr-Konstruktion, Rückschlagventile) wurden keine Untersuchungen durchgeführt.

6 Zusammenfassung

Die vorliegende Arbeit befasst sich mit experimentellen und theoretischen Untersuchungen zur internen Kühlung der Kolbenstange von trockenlaufenden Prozessgaskompressoren. Hierbei lag ein besonderes Augenmerk darauf, die Funktionsfähigkeit dieser Kühlungsmethode experimentell an mehreren Versuchsanlagen zu bestätigen und diese anschließend theoretisch zu analysieren. Eine Literaturstudie bezüglich der Berechnung von Mehrphasenströmungen in Rohren zeigte, dass der derzeitige Stand der Technik nur empirische Gleichungen für gerichtete Rohrströmungen aufweist. Es wurden keine Betrachtungen zu Strömungen in oszillierenden Rohren mit Phasenwechsel gefunden.

Daraufhin wurde eine instationäre, eindimensionale Rechnung der Tropfenbewegung in einem oszillierenden Rohr durchgeführt, bei der sich die einzelnen Tropfen weder untereinander beeinflussen, noch von der Rohrwand beeinflusst werden. Weiterhin wurde das Rohr als adiabat angesehen. Diese Modellannahmen sind nur für eine geringe Flüssigkeitsbeladung und in wandfernen Bereichen des Hohlraums gültig. Das Tropfenmodell bietet eine qualitative Aussage über die Phasenverteilung im wandfernen Bereich. Bei der Annahme größerer Tropfendurchmesser und hoher Flüssigkeitsanteile ergaben sich numerische Schwierigkeiten.

Eine Visualisierung der Vorgänge in einem oszillierenden Plexiglasrohr wurde mit Hilfe einer Hochgeschwindigkeitskamera durchgeführt. Die erzielten Ergebnisse sind jedoch nur qualitativer Art, da die Strömung unterschiedliche, nicht periodisch auftretende Strömungsformen zeigte, die mit der verwendeten Technik keine detaillierten Aussagen zuließen.

Weiterhin wurde eine geeignete Auswahl an Kühlmedien vorgestellt. Das eingesetzte Medium muss im gesamten Betriebsbereich der Anlagen zweiphasig vorliegen, aber auch im Hinblick auf Umwelt- und Gesundheitsverträglichkeit, Explosivität, Brennbarkeit sowie Materialverträglichkeit überprüft werden.

In einem Vorprojekt konnte an einem Verdichter kleiner Baugröße die Funktionalität der internen Kühlung der Kolbenstange nachgewiesen werden. Da hierbei jedoch nur eine geringe Anzahl an Messstellen zur Verfügung stand, wurden zwei weitere Versuchsstände aufgebaut.

Beim Modellprüfstand „Alpha“ konnte der Wärmeeintrag mit Hilfe von regelbaren elektrischen Heizringen an einem oszillierenden Rohr exakt vorgegeben werden. Außerdem standen mehrere Temperaturmessstellen entlang der Rohrwand und im Hohlraum zu einer späteren Validierung der Rechnung zur Verfügung. Die Rohrwandtemperaturen waren wichtige Daten zur Analyse des thermischen Verhaltens. Es wurden verschiedene Heizleistungen und Drehzahlen des Triebwerkes untersucht. Eine Füllung des Hohlraums des oszillierenden Rohres mit einem Wasser-Luft-Gemisch ergab eine starke Temperaturreduzierung im Vergleich zu dem mit Luft gefüllten Rohr.

Der zweite Prüfstand war ein einstufiger, doppeltwirkender Versuchsverdichter in Boxer-Bauweise, der eigens für das bearbeite Projekt konzipiert wurde. An diesem wurden vier Betriebspunkte mit massiver und hohler, gekühlter Kolbenstange untersucht. Sowohl die Packungsgehäusetemperatur als auch die Kolbenstangentemperatur konnten durch die Kühlung um ca. 30 K bis 80 K reduziert werden.

Nach den Messungen am Modellprüfstand „Alpha" und dem Versuchsverdichter, wurden stationäre Temperaturfeldberechnungen mit ANSYS durchgeführt. Hierbei dienten die Messwerte der Validierung der Rechnung. Der Bereich des Hohlraums wurde vereinfachend als Körper modelliert, wobei in einen wandnahen und einen wandfernen Bereich unterschieden wurde. Der wandferne Bereich erhielt eine hohe Wärmeleitfähigkeit, unter der Annahme einer sehr guten Durchmischung. Die wandnahe Schicht wurde in beiden Fällen mit 0,5 mm und einer geringen Wärmeleitfähigkeit festgelegt, die als äquivalent zum Wärmeübergangskoeffizienten im Rohrinneren angesehen wurde. Damit musste die – im Fall des realen Kompressors unbekannte – Temperatur des Kühlmediums nicht als Randbedingung eingeben werden, sondern ergab sich aus der Rechnung. Im Fall des Modellprüfstandes „Alpha" konnten die Messergebnisse im Hohlraum zur Überprüfung dieser Annahme verwendet werden. In allen Fällen konnten hinreichend gute Übereinstimmungen festgestellt werden.

Die im Rahmen der vorliegenden Arbeit ermittelten Wärmeleitkoeffizienten bzw. Wärmeübergangskoeffizienten im Inneren einer gekühlten Kolbenstange sind Anhaltswerte. Daher werden weiterführende Untersuchungen bezüglich dieser Thematik angeraten.

Mit der vorliegenden Arbeit konnte ein Beitrag zur Verbesserung des Wärmehaushalts in Kolbenstangen und Kolbenstangendichtungen geleistet werden, der zu einer deutlichen und reproduzierbaren Temperaturreduktion führt. Diese Temperaturreduktion hat wiederum einen positiven Einfluss auf den Verschleißkoeffizienten und lässt eine längere Lebensdauer der Packungsdichtelemente erwarten.

7 Literaturverzeichnis

[1] Air Liquide Deutschland GmbH (Hrsg.), 1x1 der Gase, Düsseldorf, 2007.

[2] Air Liquide Deutschland GmbH, http://biade.itrust.de/biade/lpext.dll?f=templates&fn=main-hit-h.htm&2.0, Zugriff: Nov. 2010.

[3] Air Liquide Deutschland GmbH, http://www.airliquide.de/loesungen/produkte/gase/gasekatalog/stoffe/index.html, Zugriff: Nov. 2010.

[4] Al-Sibai, F.; Müller, B.; Lel, V., http://www.wsa.rwth-aachen.de/uploads/tx_lnetfiles/Hochgeschwindigkeits-Thermographie_01.pdf, Aachen, RWTH, Zugriff: Feb. 2013.

[5] ANSYS Inc., https://support.ansys.com/portal/site/AnsysCustomerPortal, Zugriff: 2011...2013.

[6] Barthels, H., Meßverfahren für Zweiphasenströmungen, Bd. Heft 11, Chemie Ingenieur Technik, 40. Jahrgang, Heft 11, 1968.

[7] Czichos, H.; Habig, K.-H., Tribologie-Handbuch: Tribometrie, Tribomaterialien, Tribotechnik, Vieweg+Teubner, 2010.

[8] da Silva, M. J.; Hampel, U., Kapazitäts-Gittersensor: Prinzip und Anwendung, tm - Technisches Messen 4/2010, Oldenbourg Wissenschaftsverlag, 2010.

[9] Eifler, W.; Schlücker, E.; Spicher, U.; Will, G., Küttner Kolbenmaschinen: Kolbenpumpen, Kolbenverdichter, Brennkraftmaschinen, Vieweg + Teubner, 2009.

[10] Feistel, N., Comparative measurements of the piston rod surface temperature during operation, 2nd EFRC Conference, The Hague, 2001.

[11] Feistel, N., Beitrag zum Betriebsverhalten trocken laufender Dichtsysteme zur Abdichtung der Arbeitsräume von Kreuzkopfkompressoren, Erlangen: Dissertation, 2002.

[12] Feistel, N.; Samland, G.; Feijzuli, B.; Spindler, R., Unterschiedliche Konzepte zur Wärmeabfuhr aus Kolbenstangen-Dichtsystemen unter Berücksichtigung der API 618, 7. Worshop Kolbenverdichter, 2003.

[13] Frenkel, M. I., Kolbenverdichter: Theorie, Konstruktion und Projektierung, Berlin: VEB Verlag Technik, 1969.

[14] Heinrichs, K., Zur Berechnung und Gestaltung trockenlaufender Kolbenstangendichtungen, TH Magdeburg: Dissertation, 1983.

[15] Heinrichs, K.; Strümke, M., Berechnung der Gleitflächentemperatur in trockenlaufenden Kolbenstangendichtungen, Wiss. Z. Tech. Hochschule Magdeburg 28 Heft 4, 1984.

[16] Heufken, A., Untersuchungen des Systems Kolbenstange-Kolbenstangendichtung und Ermittlung der Temperaturen im Betrieb, Großer Beleg, TU Dresden, 2009.

[17] Klapp, E., Apparate- und Anlagentechnik: Planung, Berechnung, Bau und Betrieb stoff- und energiewandelnder Systeme auf konstruktiver Grundlage, Berlin: Springer, 2002.

[18] Klotsche, K., Simulation von stationärer und instationärer Wärmeleitung und Wärmeübergang in der Kolbenstange zur Bestimmung der Kolbenstangentemperatur mit ANSYS, Großer Beleg, TU Dresden, 2012.

[19] Kreuzfeld, G., Berechnung der Zweiphasenströmung in Kreiselpumpenbauteilen, TU Dresden: Dissertation, 1999.

[20] Kriegel, G., Beitrag zur Berechung des Radialverschleißes von Trockenlaufkolbenringen, TU Dresden: Dissertation, 1977.

[21] V. Lel, F. Al-Sibai und A. Leefken, „http://www.wsa.rwth-aachen.de/rieselfilme.0.html," [Online]. [Zugriff am 05 02 2013].

[22] Lemmon, E. W., Huber, M. L.; McLinden, M. O., REFPROP - NIST Standard Reference Database 23, Version 8.0.

[23] Liepe, F., Taschenbuch Maschinenbau in acht Bänden, Bd. 2, S. Fronius und F. Holzweißig, Hrsg., VEB Verlag Technik Berlin, 1985.

[24] The Linde Group, http://www.linde-gase.de/produkte/spezialgase/spezialgase.html, T. L. Group, Hrsg., Zugriff: Nov. 2010.

[25] Lindner-Silwester, T., Advances in fundamental understanding of the dynamic sealing action in packing systems, 5th EFRC Conference of the EFRC, Prague, 2007.

[26] Lindner-Silwester, T.; Hold, C., The BCD packing ring - a ney high performance design, 7th EFRC Conference, Florence, 2010.

[27] Leobersdorfer Maschinenfabrik , Konstruktionszeichnungen, Hintergrundinformationen, Leobersdorf, A, 2011...2013.

[28] Mayinger, F., Strömung und Wärmeübergang in Gas-Flüssigkeits-Gemischen, Wien: Springer-Verlag, 1982.

[29] Mayinger, F. , Strömung mehrphasiger Syteme, http://www.td.mw.tum.de/tum-td/de/forschung/pub/CD_Mayinger/041.pdf.

[30] Mehrer, Konstruktionszeichnungen, Hintergrundinformationen, Balingen, D, 2008...2009.

[31] mikromak service , www.mikromak.com, 2008.

[32] Prasser, H.-M.; Schütz, P.; Kossok, N., Berührungslose Detektion der Struktur und Messung ausgewählter Parameter von Zweiphasenströmungen durch Mustererkennungsverfahren unter Verwendung von Ultraschall als Meßsonde, Forschungszentrum Rossendorf, 1997.

[33] Raffel, M.; Willert, C. E., Wereley, S. T.; Kompenhans, J., Particle Image Velocimetry: A Practicle Guide, Springer, 2007.

[34] Reinecke, N.; Petritsch, G.; Schmitz, D. Mewes, D., Tomographische Meßverfahren - Visualisierung zweiphasiger Strömungen, Bd. 10, Chemie Ingenieur Technik (69), 1997.

[35] Samland, G.; Retz, N., Thermal and structural analysis of a reciprocating compressor cylinder, 3rd EFRC-Conference, Wien, 2003.

[36] Software Streampix (Norpix), www.norpix.com, 2008.

[37] STASSKOL, Konstruktionszeichnungen, Hintergrundinformationen, Staßfurt, D, 2011...2013.

[38] Trutnovsky, K., Berührungsdichtungen an ruhenden und bewegten Maschinenteilen, Berlin: Springer, 1975.

[39] Quack, H.; Nickl, J., Kolbenkühlvorrichtung für Kolbenmaschinen mit oszillierender und translatorischer Bewegung des Kolbens und der Kolbenstange, Patent TU Dresden: DE 10 2007 000 652 A1, Offenlegung: 14.05.2009.

[40] Verein Deutscher Ingenieure VDI-Gesellschaft Verfahrenstechnik und Chemieingenieurwesen (Hrsg.), VDI-Wärmeatlas, Springer, 2006.

[41] Vetter, G., Tribological Phenomena with Dry-running Seal Elements of Reciprocating Compressors, 1st EFRC Conference, Dresden, 1999.

[42] Will, G., Berechnung des Indikatordiagramms von Kolbenverdichtern, TU Dresden, 2012.

Anhang

Anhang A1: Eigenschaften thermodynamisch möglicher Kältemittel für Einsatz in gekühlten Kolbenstangen

Position	Name	wesentliche Eigenschaften
1	Butadien-(1,2)	krebserregend, brennbar, schwerer als Luft, neigt zur spontanen Polymerisation
2	Butadien-(1,3)	krebserregend, brennbar, schwerer als Luft, leicht entzündlich, neigt zur spontanen Polymerisation
3	n-Butan	brennbar, schwerer als Luft, explosionsfähiges Gemisch mit Luft, heftige Reaktionen mit Halogenen, N_2O und Acetylen
4	Butin-(1)	brennbar, schwerer als Luft, leicht entzündlich, Selbstentzündung und Explosion bei Kontakt mit Kupfer, Silber und Quecksilber bei erhöhter Temperatur
5	cis-Butylen-(2)	brennbar, schwerer als Luft, leicht entzündlich, bildet mit Luft explosionsfähige Gemische
6	trans-Butylen-(2)	brennbar, schwerer als Luft, leicht entzündlich, bildet mit Luft explosionsfähiges Gemisch
7	Cyanwasserstoff	sehr giftig, brennbar, korrosiv, bei Erwärmung spontane Polymerisation, bildet mit Luft explosionsfähige Gemische, vollständig wasserlöslich
8	Cyclobutan	brennbar, schwerer als Luft, bildet mit Luft explosionsfähige Gemische, heftige Reaktionen mit Halogenen, N_2O und Acetylen
9	2,2-Dimethylpropan	brennbar, schwerer als Luft, leicht entzündlich, mit Luft können explosionsfähige Gemische entstehen
10	Ethylamin	giftig, brennbar, korrosiv, ätzend, schwerer als Luft
11	Ethylmethylether	brennbar, schwerer als Luft, bildet mit Luft explosionsfähige Gemische, heftige Reaktionen mit Halogenen, N_2O und Acetylen
12	Methylamin	brennbar, giftig, ätzend, schwerer als Luft, korrosiv in Gegenwart von Feuchtigkeit
13	3-Methyl-1-buten	brennbar, schwerer als Luft, bildet mit Luft explosionsfähige Gemische, heftige Reaktionen mit Halogenen, N_2O und Acetylen
14	Methylmercaptan	brennbar, sehr giftig, schwerer als Luft
15	Bortrichlorid (N30, N40,	an feuchter Luft rauchend, nicht brennbar, sehr giftig, korrosiv

	N50, UHP)	
16	Chlortriflourid (N30)	schwerer als Luft, reagiert mit Wasser zu Säuren, giftig, ätzend, unterstützt Verbrennung und Oxidationsvorgänge, kann Entzündung brennbarer Stoffe bewirken
17	Dichlorsilan (N30, UHP)	hochentzündlich, giftig, korrosiv, ätzend
18	Flourwasserstoff (N35)	leichter als Luft, bildet mit Wasser und feuchter Luft Säure, giftig, ätzend
19	Phosgen (N20)	nicht brennbar, sehr giftig, ätzend
20	Schwefeldioxid (N38)	stechender Geruch, schwerer als Luft, nicht brennbar, giftig, ätzend, korrosiv
21	Stickstoffdioxid (N18)	schwerer als Luft, unterstützt Verbrennung, kann Entzündung brennbarer Stoffe bewirken, giftig, ätzend, korrosiv, oxidierend
22	Trimethylsilan (N40)	schwerer als Luft, hochentzündlich, giftig, explosionsfähig
23	Wolframhexafluorid (N30, N50)	nicht brennbar, giftig, korrosiv

Quellen: [1], [24], [2], [3]

Anhang A2: Messpositionen des Kolbenstangenmodells

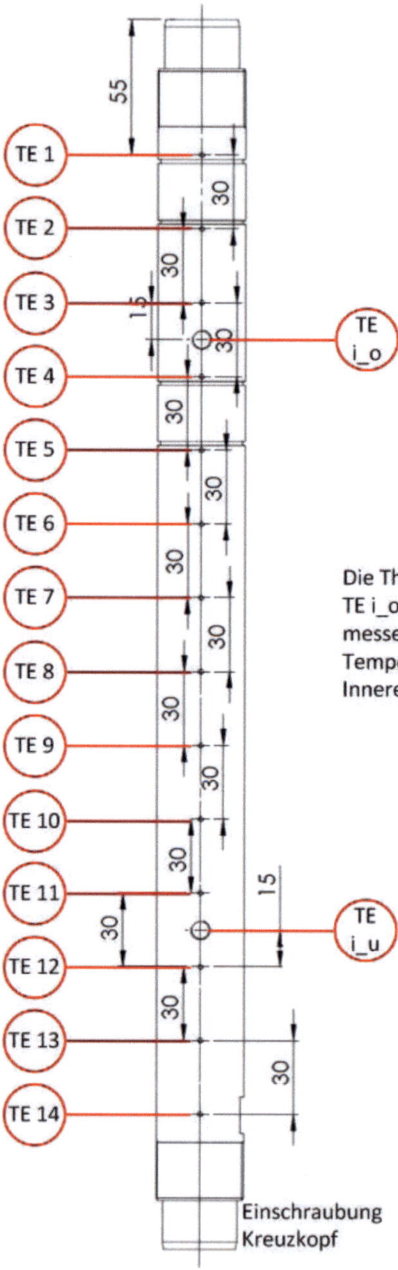

Die Thermoelemente TE i_o und TE i_u messen die Temperaturen im Inneren des Kühlraums

Anhang A3: Betriebsdrücke Basismessung, doppeltwirkender Versuchskompressor, ergänzende Betriebspunkte

BP1:

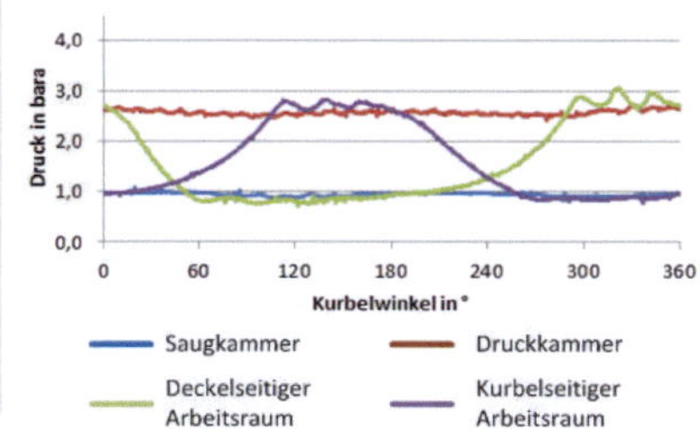

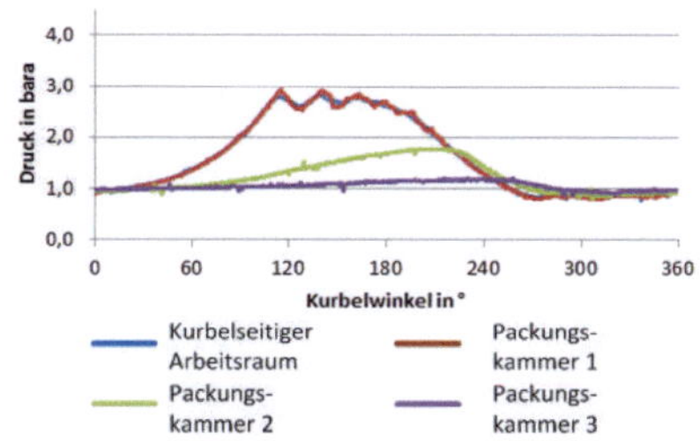

BP3:

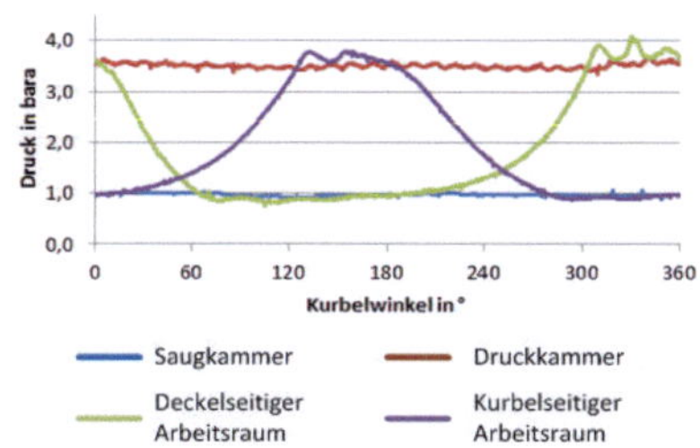

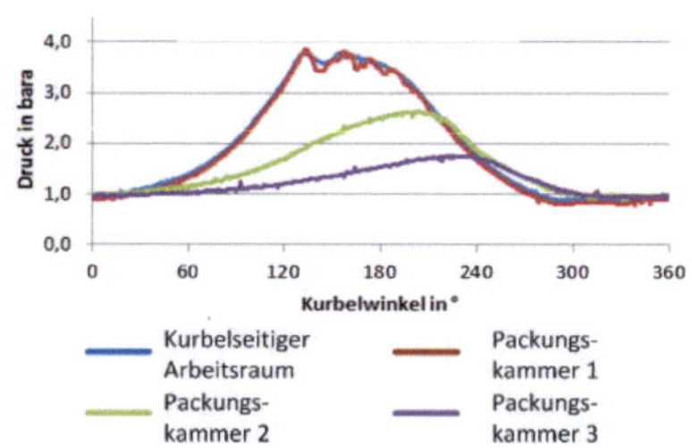

Anhang A4: Betriebsdrücke mit innengekühlter Kolbenstange, doppeltwirkender Versuchskompressor, ergänzende Betriebspunkte

BP1:

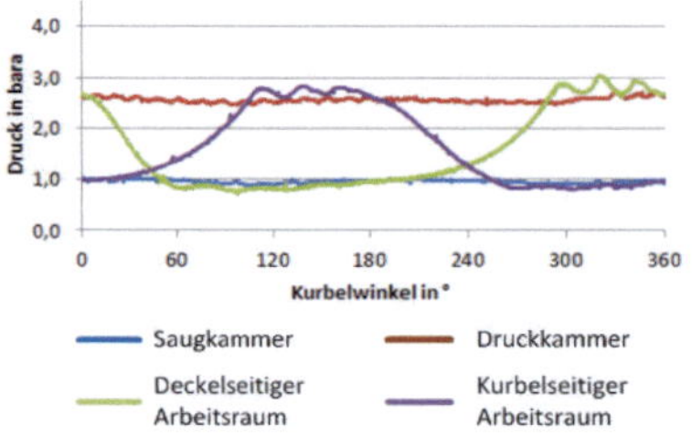

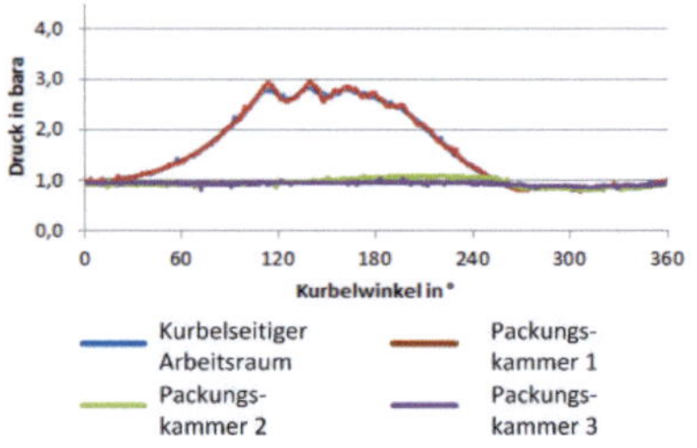

BP3:

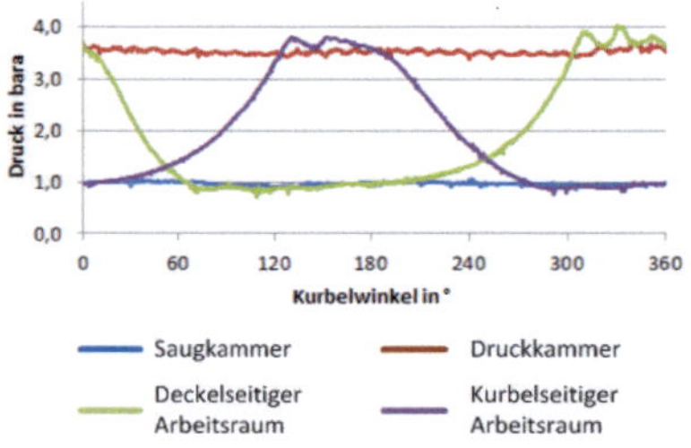

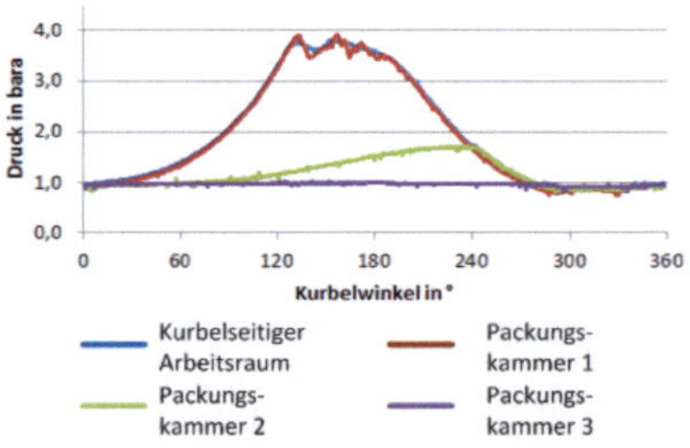

Anhang A5: Vergleich von Rechnung und Messung Modellprüfstand „Alpha", Betriebspunkt: 2 x 25 W, 600 min^{-1}

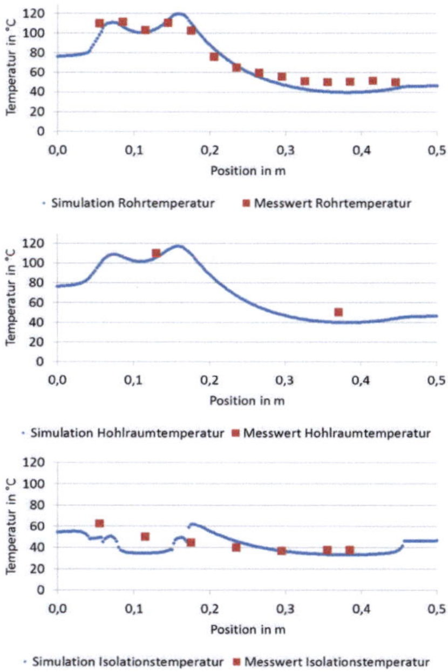

a) 2 x 25 W, 600 min^{-1}, Luftfüllung

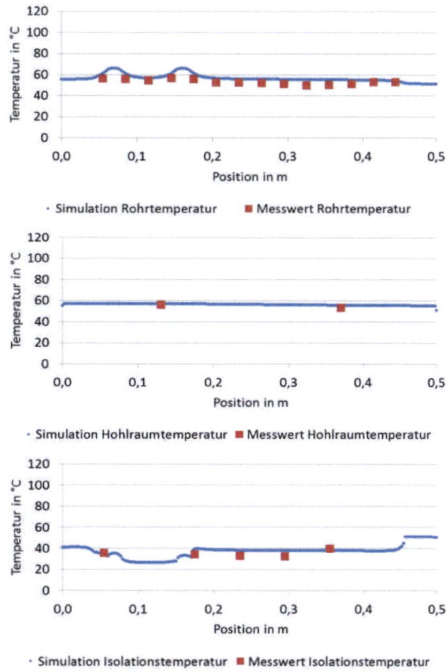

b) 2 x 25 W, 600 min^{-1}, Wasser-Luft-Füllung, $\alpha_{äqu} =$ 1000 W/(m^2*K)

Anhang A6: Temperaturverteilung im gesamten Rechenbereich des doppeltwirkenden Versuchsverdichters, Betriebspunkte 2 und 4

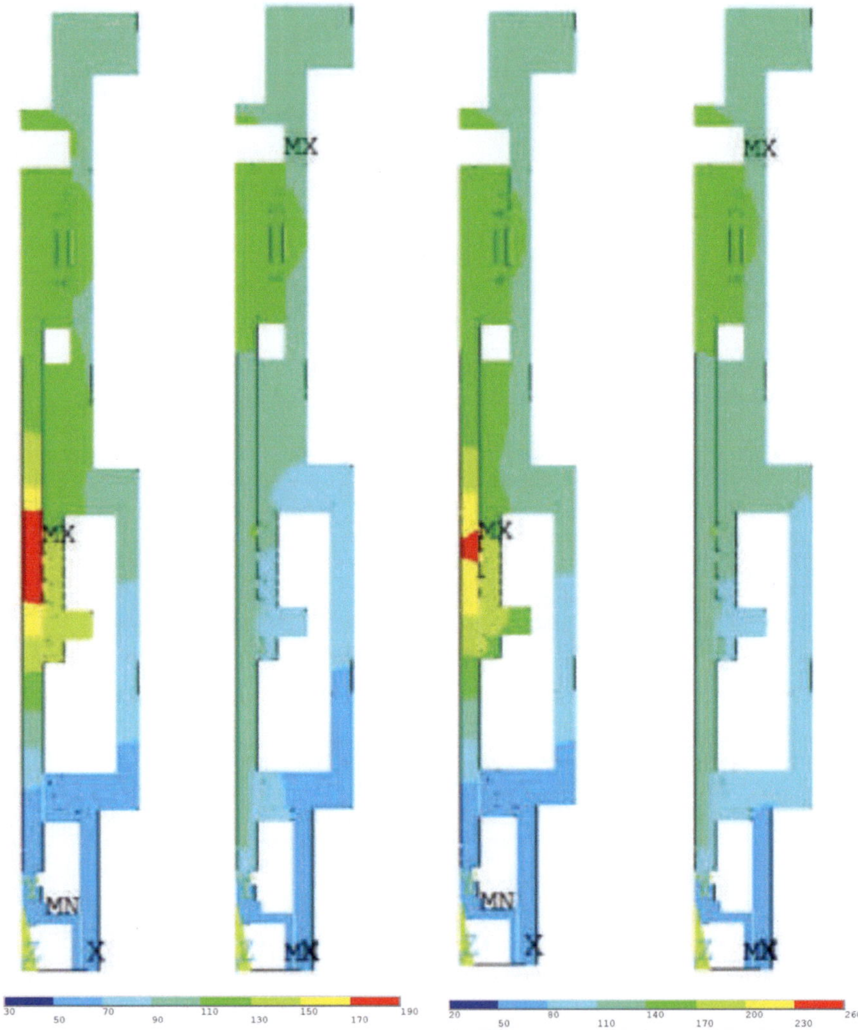

Betriebspunkt 2, ungekühlt | Betriebspunkt 2, gekühlt | Betriebspunkt 4, ungekühlt | Betriebspunkt 4, gekühlt

Anhang A7: Randbedingungen für Temperaturfeldberechnung doppeltwirkender Verdichter: Reibleistungen sowie mittlere Temperaturen und Wärmeübergangskoeffizienten in den Arbeitsräumen, Betriebspunkte 2 und 4

	Betriebspunkt 2	Betriebspunkt 4
Wärmestromdichte Kolbenringe in W/m²		
Kolbenring 1	9823,4	12555,2
Kolbenring 2	7340,0	8763,3
Führungsring	4364,2	4364,2
Kolbenring 3	10208,2	12912,2
Wärmestromdichte Packungsringe in W/m²		
Packungsring 1	22070,0	24108,4
Packungsring 2	12425,6	14970,0
Packungsring 3	11353,3	15756,3
Deckelseitiger Arbeitsraum		
Temperatur in °C	126	160
Wärmeübergangskoeffizient in W/m²	433	405
Kurbelseitiger Arbeitsraum		
Temperatur in °C	126	160
Wärmeübergangskoeffizient in W/m²	345	292
Randbedingung für Zylinderbereich mit Saug- und Druckkammer und Umgebung		
Temperatur in °C	81	102
Wärmeübergangskoeffizient in W/m²	118	112

Die angegebenen Wärmestromdichten geben 50 % der eingebrachten Wärme an und beziehen sich nur auf die Dichtringe selbst. Für die Gegenlaufflächen (Zylinder bzw. Kolbenstange) wurde eine Verteilung der Wärmestromdichte über die gesamte Lauffläche der Dichtelemente verwendet. Die Werte selbst ergaben sich aus den Messwerten und [42].